全国农业职业技能培训教材

科技下乡技术用书

"为渔民服务"系列丛书

全国水产技术推广总站·组织编写

稻虾连作共作精准种养技术

奚业文　占家智　羊　茜　主编

U0195155

海洋出版社

2017年·北京

图书在版编目（CIP）数据

稻虾连作共做精准种养技术/奚业文，占家智，羊茜主编.
—北京：海洋出版社，2017.3
（为渔民服务系列丛书）
ISBN 978-7-5027-9714-0

Ⅰ.①稻…　Ⅱ.①奚…②占…③羊…　Ⅲ.①稻田-龙虾科-淡水养殖
Ⅳ.①S966.12

中国版本图书馆 CIP 数据核字（2017）第 027307 号

责任编辑：朱莉萍　杨　明
责任印制：赵麟苏

海洋出版社　出版发行

http：//www.oceanpress.com.cn

北京市海淀区大慧寺路 8 号　邮编：100081

北京朝阳印刷厂有限责任公司印刷　　新华书店发行所经销

2017 年 3 月第 1 版　2019 年 8 月北京第 2 次印刷

开本：787mm×1092mm　1/16　印张：20.25

字数：267 千字　定价：52.00 元

发行部：62132549　邮购部：68038093　总编室：62114335

海洋版图书印、装错误可随时退换

"为渔民服务" 系列丛书编委会

主　任：孙有恒

副主任：蒋宏斌　朱莉萍

主　编：朱莉萍　王虹人

编　委：（按姓氏笔画排序）

王　艳　　王雅妮　　毛洪顺　　毛栽华

孔令杰　　史建华　　包海岩　　任武成

刘　彤　　刘学光　　李同国　　张秋明

张镇海　　陈焕根　　范　伟　　金广海

周遵春　　孟和平　　赵志英　　贾　丽

柴　炎　　晏　宏　　黄丽莎　　黄　健

龚珞军　　符　云　　斯烈钢　　董济军

蒋　军　　蔡引伟　　潘　勇

前　　言

过去由于龙虾在农田里具有极强的掘洞能力而被列为有害生物，不断遭到人为清除。随着社会的发展、人们生活条件的不断改善、饮食口味的不断提高、人们对龙虾的重新认识以及它的食用功能不断开发，尤其是江苏盱眙每年一次的国际龙虾节，使人们对龙虾产生了深厚的兴趣。它以可食部分较多、肉质细嫩、味道鲜美、营养价值高、蛋白质含量高的优点而逐渐被大家所接受。目前已经成为我国的优良淡水养殖新品种，在市场上备受消费者青睐，是近年最热门的养殖品种之一。

龙虾是安徽省名优水产品中的优势品种，也是重要的出口品种。安徽省农业委员会渔业局把龙虾养殖列为全省渔业工作的重中之重，并为此专门召开了"三品三进"（其中一个就是龙虾进稻田）工作会议，要求全省涉渔部门大力开展龙虾的增养殖研究和各种推广试验示范，通过稻田、池塘生态种养结合，促进龙虾产业持续发展，形成以加工、餐饮业为龙头，苗种繁育、生态养殖、加工、餐饮、文化相配套的产业化发展体系。为了探讨龙虾的养殖模式，更好地为广大养殖户服务，安徽省多地都进行了有益的尝试，也取得了非常好的效益。例如滁州市农业委员会渔业局和技术推广站从 2004 年开始龙虾的研究与应用试验，重点探索了稻虾连作共作的模式，发展并推广了"全椒

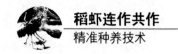

模式"的稻虾连作共作精准种养技术（图1），最早成立了安徽省全椒县赤镇龙虾经济合作社，取得了显著的成绩，所以本书重点就是以安徽省"全椒模式"为基础进行阐述。

图1　滁州市稻虾连作共生示范区

自本世纪初以来，因龙虾很高的营养价值及龙虾经济文化渲染，国内外市场火爆，野生资源逐渐枯竭，龙虾价格从每斤几毛钱飙升至每斤 10～30 元，价格的上涨和市场的推动，龙虾产量一再提升，但市场仍呈不饱和状态，出口原料常年缺货。由于自然资源日趋减少，市场需求量大，稻虾连作共作精准种养技术的前景广阔，该项技术是立体种养的模式，可以保持农田生态系统物质与能量的良性循环，实现稻渔双丰收。为了方便广大农民朋友快速方便直观地掌握龙虾的稻虾连作共作精准种养技术，我们在长期生产实践的基础上，查阅大量的国内外原始资料完成了这本书，农民朋友可以按图索骥，更好地了解龙虾的稻虾连作共作种养技巧。

　　本书的一个最大特点是简化对龙虾的基础理论的探讨，重点解决在生产实践中的问题，尤其是龙虾种虾投放与水稻茬口安排、种植水草、投放螺蛳、控制种虾放养密度、加强饲喂管理、春季肥水、做好龙虾病害防治、应用最佳捕捞方法和水稻病虫害科学防治等技术（图2）。本书的文字不多，图片众多，有的放矢，形象生动，因此具有极强的生产指导意义，适合种养大户、渔业经济合作组织、基层技术推广人员阅读。

图2　稻虾连作共作精准示范田

编　者

2016年5月

目　　录

第一章
概　　述

第一节　龙虾的概况

龙虾学名叫克氏原螯虾，在分类学上与龙虾、河蟹、河虾及对虾一起属于节肢动物门、甲壳纲、十足目，其形态与海水龙虾相似，故称为龙虾，又因它的个体比海水龙虾小而称为小龙虾，同时为了和海水龙虾相区别，加上它是生活在淡水中的，因而在生产上和应用上常被称为淡水小龙虾。

一、龙虾的分布

龙虾原产北美，美国是龙虾的故乡，加拿大和墨西哥等地也是它的故乡之一，尤其是美国路易斯安那州是龙虾主要的产区，这个州已经把龙虾的养殖当作农业生产的主要组成部分，并把虾仁等龙虾制品输送到世界各地。

经过人为的传播，现在龙虾已经广泛分布在世界上多个国家和地区，主要分布的国家和地区有美国、墨西哥、澳大利亚、新几内亚、津巴布韦、南非、土耳其、叙利亚、匈牙利、波兰、保加利亚、西班牙。在 20 世纪早期从

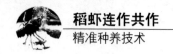

日本传入我国，现广泛分布于我国的新疆、甘肃、宁夏、内蒙古、山西、陕西、河南、河北、天津、北京、辽宁、山东、江苏、上海、安徽、浙江、江西、湖南、湖北、重庆、四川、贵州、云南、广西、广东、福建及我国台湾等20多个省、市、自治区，形成可供利用的天然种群。特别是在长江中、下游地区生物种群量较大，是我国龙虾的主产区。

二、龙虾的形态特征

1. 外部形态

龙虾的体表具有坚硬的甲壳，俗称虾壳，身体由头胸部和腹部共20节组成，其中头部5节，胸部8节，腹部有7节（图1.1）。

图1.1　龙虾的外部结构

2. 内部结构

龙虾整个体内分为消化系统、呼吸系统、循环系统、排泄系统、神经系统、生殖系统、肌肉运动系统、内分泌系统等八大部分（图 1.2 和图 1.3）。

图 1.2　龙虾的腹面

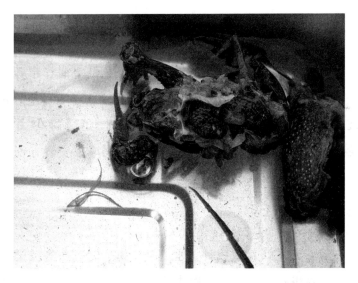

图 1.3　龙虾性腺等内部器官

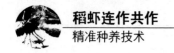
三、龙虾在中国的发展

1. 龙虾进入中国

龙虾在我国的发展是有一个过程的，它并不是直接从美国传入我国，而是先从美国引入日本，20 世纪初再从日本传入我国，并先在江苏的南京、安徽的滁州、当涂一带生长繁殖。20 世纪 50 年代，在我国还不多见，20 世纪 80 年代，我国水产专家开始关注龙虾。

到目前，龙虾已经由"外来户"变为"本地居民"了，成为我国主要的甲壳类经济水生动物之一，它的受欢迎程度和市场经济价值直逼我国特产的中华绒螯蟹，长江南北都能见到它的踪迹，特别是江淮一带气候宜人，水网众多，已经成为龙虾的主要产区。到 2006 年，我国不仅成为世界龙虾的产量大国，也成为世界龙虾的出口大国。

2. 对龙虾的关注

2000 年后，我国先后在安徽、江苏、上海、湖北等省、市开展了龙虾的人工繁殖工作。例如：湖北省水产科学研究所在 2005 年取得室外规模化人工繁殖的突破，繁殖龙虾苗近 100 万尾；安徽省滁州地区于 2007 年取得了千亩连片稻田轮作示范区亩产 100 千克产量的成绩，同时在安徽省创造了"全椒模式"的生态种养殖新模式。

3. 龙虾养殖的势头

近年来，随着对龙虾养殖中种、水、草、饵、管、病等关键养殖要素的深入研究，龙虾养殖技术在生产实践中不断完善，养殖技术逐步提升，养殖规模平稳扩大。2012 年，安徽养殖面积已近百万亩，在养殖产量上安徽与江苏并列第二,各占 10% 比率。湖北省龙虾养殖面积达 420 万亩,养殖产量连续 6 年位居全国第一。

4. 安徽龙虾产业发展情况

2003 年以前,安徽省野生龙虾年产量在 4 万吨左右,由于国内外市场拉动,捕捞强度日益加大,资源日趋萎缩,供需矛盾突出。自 2003 年起,安徽省长丰、全椒等地通过科技攻关和实践探索,成功地创造了稻虾连作、稻虾共作、林养结合等生态种养殖模式,并逐步向适宜地区扩展(图 1.4)。2006 年,养殖面积 9.6 万亩,养殖产量 1.5 万吨,总产量 7 万吨;2007 年,养殖面积 30 万亩,养殖产量 4.5 万吨,总产量 9 万吨;2008 年,养殖面积 60 万亩,养殖产量 7.36 万吨,总产量 10 万吨;2009 年,养殖面积 73 万亩,养殖产量 8.4 万吨,总产量 11 万吨。2010 年养殖面积 80 万亩,2011 年养殖面积 75 万亩,2012 年养殖面积 85 万亩。其中,稻田养殖面积占总面积 2/3 以上。

图 1.4　稻田养龙虾

2007年安徽省组织实施渔业"三进工程"龙虾进稻田的稻虾连作，将发展龙虾养殖作为推进渔业结构调整、促进农民增收的重要举措，龙虾产业进入了新的高速发展时期。龙虾养殖面积稳步增长，产品销往全国各地，尤其是全椒苗种销往广西、黑龙江、青海、山东、天津、福建、上海、江苏等省、市、自治区。

四、龙虾养殖模式的探索

1978年美国国家研究委员会强调发展龙虾的养殖，认为养殖龙虾有成本低，技术易于普及，龙虾摄食稻田、池塘中的有机碎屑和水生植物，无需投喂特殊的饵料，龙虾生长快，产量高等诸多优点。因此可以说龙虾是非常重要的水产资源。人们对它的利用也做了不少的研究，例如：美国探索了"稻-虾"、"稻-虾-豆"、"虾-鱼"、"虾-牛"等混养轮作，最初的养殖方式是粗放养殖、混养，后来发展到各种形式的强化养殖。欧洲进一步探索了"龙虾-沼虾-龙虾"的轮作，澳大利亚探索了强化人工养殖模式等。

我国科研工作者经过积极探索和生产实践相结合，也开发并推广了一些卓有成效的养殖模式。例如，安徽省就推出了具有代表性的九种不同类型生态种、养模式，逐步形成了一种全新生态农业，出现一定的增长值，产生了良好的效益。这九种模式包括"水稻、小麦、龙虾、经济作物"兼作与轮作一体化模式、池塘仿生态苗种繁育技术模式、稻虾连作技术模式、稻虾共作技术模式、葵虾生态共作技术模式、龙虾池塘双季主养技术、"虾-鱼"混养技术模式和虾鳖混养技术模式等。

在这几种模式中，与水稻种植和龙虾养殖相关的技术有三项。一是农田"水稻-小麦-龙虾-经济作物"共作与轮作一体化生态立体高效种、养殖模式，符合沿淮、淮北平原稻、麦轮作制，是建设稳产高效农田的治本措施，既保护了耕地，又强化了食品安全，更能稳产增收。利用该模式亩均销售商品龙虾100千克左右，亩产优质水稻550千克以上，加工成有机稻虾米350千克，亩均销售产值8 000元以上，效益4 000元以上；二是"水稻－龙虾"共作模式，平均亩产水稻630千克，龙虾亩均产量90千克，亩综合利润2 000元左右；三是稻虾连作模式，是经过对池塘养殖、稻田养殖及低洼地养殖的总结和改进，逐步形成比较稳定的配套技术，趋于完善具有较好的发展前景的高效模式。农田生态系统中以作物秸秆、再生稻植株、腐烂分解的腐殖质、浮游生物，各种水生植物、螺类、蚯蚓、有机碎屑、昆虫等动植物作为龙虾的辅助食物，补充了人工饲料中蛋白质、脂肪、碳水化合物、维生素和矿物质五大类主要营养物质的不足。丰富的饵料资源培育龙虾亲本，批量繁育苗种。在不影响一季水稻生产的前提下，亩产100～150千克虾苗和成虾，获产值2 000～3 000元。提高土地产出率和产品优质率，实现双丰收。稻虾连作既有传统又有前瞻，是传统方法的继承、创新和发展，是可持续农业技术的典型代表，目前以全椒的发展最为出色，我们称之为"安徽模式"或"全椒模式"（图1.5），这为安徽水稻水产可持续发展增加了新的途径。

图1.5　全椒模式

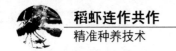

五、存在问题及解决办法

我们在调研和推广稻虾连作共作精准种养技术时，发现了龙虾养殖在发展过程中存在的一些问题：

首先是龙虾种质有退化的现象，表现出商品虾规格较小，这种情况主要是由于亲本不能及时更新而造成的。因此在养殖过程中，要加强种质提纯复壮的工作，充分利用稻田开展龙虾的育苗批量生产（图1.6）。

图1.6　需要进一步提纯复壮的龙虾资源

其次，龙虾苗种的繁育关键技术还需要进一步取得突破，主要是改变传统的育苗思路。例如安徽省全椒稻虾养殖模式中，根据全椒当地的水稻栽插时间，开展龙虾秋繁技术的示范与推广，这样的目的就可以让来年的苗种批量供应提前至3月底4月初，确保当年养殖取得明显的经济效益。

再次，就是稻虾连作共作过程中的健康养殖技术有待提升，主要是养殖标准化问题还没有达到全国统一，可以参照河蟹稻田养殖主要技术，规范并提升龙虾养殖技术，建立稻虾连作及种养结合的标准化模式。

最后就是龙虾的品牌和特色问题应该得到重视。不可否认，江苏盱眙的龙虾品牌是目前全国最响的，但是根据市场调研及全国水产统计报表的总量以及盱眙每年营销龙虾的数量，可以看出江苏的产量是远远满足不了当地的需求的，而另外两个大省湖北和安徽的部分龙虾供应江苏。因此在发展稻虾连作共作时，我们一定要注重品牌建设，打造种养模式的生态龙虾品牌，以特色、品牌扩大影响，做大做强龙虾产业。

第二节　与稻虾连作共作密切相关的生物学特性

一、极强的适应性

龙虾的适应性极强，无论是在温度适应上，还是地理位置适应上，都显示了它超强的适应能力。实验室的试验结果和生产实践中的标本采集表明，龙虾在稻田、江湖、河沟、池塘、沼泽地、芦苇荡、大水面甚至一些富营养化非常严重的水体均能生长繁殖，在我国已经形成一种新的渔业养殖对象（图 1.7）。

图 1.7　水沟里的龙虾

　　龙虾喜温怕光，为夜行性动物，营底栖爬行生活，有明显的昼夜垂直移动现象，白天光线强烈时常潜伏在水体底部光线较暗的角落、石砾、水草、石块旁、草丛或洞穴中，光线微弱或夜晚出来摄食（图1.8）。

图1.8　水中只要有附着物，龙虾都会利用

　　从调查情况看，龙虾对水体要求较低，各种水体都能生存，广泛栖息生活于淡水湖泊、河流、池塘、水库、沼泽、水渠、水田、水沟及稻田中，甚至在一些鱼类难以存活的水体中也能存活，但在食物较为丰富的静水沟渠、稻田、池塘和浅水草型湖泊中较多，说明该虾对水体的富营养化及低氧有较强的适应性。栖息地多为土质，特别是腐殖质较多的泥质（图1.9），有较多的水草（图1.10）、树根或石块等隐蔽物。栖息地水体水位较为稳定的，则该虾分布较多。龙虾栖息的地点常有季节性移动现象，春天水温上升，龙虾多在浅水处活动，盛夏水温较高时就向深水处移动，冬季在洞穴中越冬。

图 1.9　龙虾喜欢在腐质殖较多的泥质中生活

图 1.10　浅水处的水草是龙虾最好的生活场所

二、较远的迁徙习性

该虾有较强的攀援能力和迁徙能力，在水体缺氧、缺饵、污染及其他生物、理化因子发生骤烈变化而不适的情况下，常常爬出水体外活动，从一个水体迁徙到另一个水体，而且这种迁徙速度很快，距离也能达到较远。该虾喜逆水，常常逆水上溯的能力很强，这也是该虾在下大雨时常随水流爬出养殖稻田的原因之一。

三、快速的掘穴习性

龙虾与河蟹很相似，有一对特别发达的螯，有掘洞穴居的习惯，了解龙虾的掘穴习性非常重要，因此本节作一重点探讨。

1. 掘穴地点

调查发现龙虾掘洞能力较强，在无石块、杂草及洞穴可供躲藏的水体中，该虾常在堤岸靠近水面上下挖洞穴居（图 1.11 和图 1.12）。

图 1.11　靠近水面的池埂是虾打洞的好地方

图 1.12　稻田的田埂上全是虾洞

2. 掘穴形状与深度

洞穴的深浅、走向与水体水位的波动、堤岸的土质及该虾的生活周期有关。在水位升降幅度较大的水体和虾的繁殖期，所掘洞穴较深；在水位稳定的水体和虾的越冬期，所掘洞穴较浅；在生长期，龙虾基本不掘洞。洞穴一般圆形，向下倾斜，且曲折方向不一。

我们曾经在滁州市全椒县和天长市进行调查，对 122 例龙虾洞穴的调查与实地测量中，发现深度 30～80 厘米左右，约占测量洞穴的 78% 左右，部分洞穴的深度超过 1 米，我们在天长龙集乡测量到最长的一处洞穴达 1.94 米，直径达 7.4 厘米。调查还发现横向平面走向的龙虾洞穴有超过 1 米以上深度的可能，而垂直纵深向下的洞穴一般都比较浅（图 1.13 和图 1.14）。

图 1.13　在龙虾繁殖期打的洞较深

图 1.14　水位稳定时打的洞较浅

3. 掘穴速度

龙虾的掘洞速度是非常惊人的，尤其在放入一个新的生活环境中更是明显，比如龙虾进入一个新环境或者稻田的田埂刚做好，在新鲜的土壤上特别爱打洞（图1.15）。2006年，我们在天长市牧马湖一小型水体中放入刚收购的龙虾，经一夜后观察，在砂壤土中，大部分龙虾掘的新洞深度在40厘米左右。

图 1.15　刚做好的埂就打洞

4. 掘穴位置

我们在调查中发现，龙虾所掘的洞口位置通常选择在相对固定的水平面处较多，但这种选择性也会因水位的变化而使洞口高出或低于水平面（图1.16和图1.17），故而一般在水面上下20厘米处龙虾洞口最多，这种情况在稻田中是很明显的，在田底软泥处则几乎没有龙虾洞穴的存在。

图 1.16　水上洞

图 1.17　水下洞

5. 掘穴保护

龙虾在挖好洞穴后，多数都要加以覆盖，即将泥土等物堵住唯一的入口，也有部分龙虾洞穴没封口。据我们观察，这可能是龙虾用来迷惑其他水生动物或者是处于进出洞的频繁期而不需封口所致。

6. 判断洞穴的时间

如何快速而准确地判断出龙虾是否在洞穴中？该洞穴是否刚打？这从洞穴周边的泥土新鲜度就可以判断出来。如果龙虾刚刚从洞穴中出来，那么洞穴周围就会有混浊的泥土，刚刚打好的洞穴，边上的泥土是新鲜的、潮湿的（图 1.18 和图 1.19）。

图 1.18　刚刚打好的洞

图 1.19　左侧是打了一天半时间的洞穴，右侧是打了十天左右的洞

7. 掘穴作用

实验观察表明，龙虾喜阴怕光，光线微弱或黑暗时爬出洞穴，光线强烈或受到外界干扰时，则沉入水底或躲藏在洞穴中。尤其是当龙虾处于蜕壳生长期和繁殖期时，也在洞穴中进行，防止被其他动物伤害。因而在田间沟中适当增放人工巢穴，并加以相应的隐蔽技术措施能大大减轻该虾对田埂的破

图 1.20　蔡生力教授认为龙虾的洞穴可以毁坏河堤

坏（图 1.20）。

下面的组图就可以清楚地看到龙虾在受到惊吓时进入洞穴中躲藏的全过程（图 1.21 至图 1.23）。

图 1.21　龙虾在洞口看到人影时，就下意识地向洞穴内退缩

图 1.22　当人进一步靠近洞穴时，它就舞动大螯向洞内再退一步

图 1.23　当危险还存在时，龙虾就进入洞穴内，洞边有浑水

四、生态环境习性

水体是龙虾生存的环境，水质的好坏直接影响着龙虾的健康和发育，良好的水质条件可以促进虾体的正常发育。在 pH 值为 5.8～8.2，温度为 −15～40℃，溶氧量不低于 1.5 毫克/升的水体中都能生存，在我国大部分地区都能自然越冬。最适宜龙虾生长的水体 pH 值为 7.5～8.2，溶氧量为 3 毫克/升，水温为 20～30℃，水体透明度在 20～25 厘米。

五、自我保护习性

龙虾的游泳能力较差，只能作短距离的游动，常在水草丛中攀爬，抱住水体中的水草或悬浮物将身体侧卧于水面，当受惊或遭受敌害侵袭时，便举起两只大螯摆出格斗的架势，一旦钳住后不轻易放松，放到水中才能松开（图 1.24）。

图 1.24　处于保护状态的龙虾

六、趋水习性

龙虾和河蟹一样，具有很强的趋水习性，喜欢新水、活水，在进排水口有活水进入时，它们会成群结队地溯水逃跑。在下雨时，由于受到新水的刺激，加上它们攀爬能力强，它们会集群顺着雨水流入的方向爬到岸边或停留或逃逸，因此在稻田的进出水口一定要做好防逃设施，对进出水口管道需用80目的筛绢进行过滤或者用迭水式进行进水（图1.25）。

七、对农药反应敏感性

龙虾对重金属、某些农药如敌百虫、菊酯类杀虫剂非常敏感，因此养殖水体应符合国家颁布的渔业水质标准和无公害食品淡水水质标准。如用地下水养殖龙虾，必须事前对地下水进行检测，以免重金属含量过高，影响龙虾的生长发育。

图 1.25　迭水式进水

八、食性与摄食

1985 年，华中农业大学魏青山对武汉地区龙虾食性分析的结果是：植物性成分占 98％，其中主要是高等水生植物及丝状藻类。因此龙虾是以植物性食物为主的杂食性动物，动物类的小鱼、虾、浮游生物、底栖生物、有机碎屑及各种谷物、饼类、蔬菜、陆生牧草、水体中的水生植物、着生藻类等都可以作为它的食物，也喜食人工配合饲料。幼体第一次蜕壳后开始摄食浮游植物及小型枝角类幼体、轮虫等。

该虾具有较强的耐饥饿能力，一般能耐饿 3～5 天；秋冬季节一般 20～30 天不进食也不会饿死。摄食最适温度为 25～30℃；水温低于 15℃ 以下活动减弱；水温低于 10℃ 或超过 35℃ 摄食明显减少；水温在 4℃ 以下时，进入越冬期，停止摄食。

龙虾不仅摄食能力强，而且有贪食、争食的习性。在养殖密度大或者投饵量不足的情况下，龙虾之间会自相残杀，尤其是正蜕壳或刚蜕壳的没有防御能力的软壳虾和幼虾常常被成年龙虾所捕食。

龙虾不怕污臭水，就怕化学药品，对农药、化肥、液化石油气等化学药品非常敏感，只要稻田内有这些化学药品，龙虾就会全军覆灭。养殖龙虾时，可以在水域中先投入动物粪便等有机物，作用是培养浮游生物作为龙虾的饵料，但这些东西并不是龙虾的食物。

在人工养殖时，龙虾喜欢吃的饵料主要有红虫、黄粉虫、水花生、眼子菜等小型生物（图 1.26 至图 1.29）。

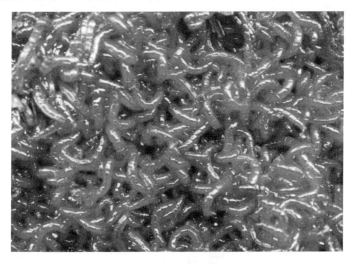

图 1.26　龙虾幼虾特别爱吃的红虫

九、蜕皮习性与蜕壳行为

龙虾与其他甲壳动物一样，体表为很坚硬的几丁质外骨骼，因而其生长必须通过蜕掉体表的甲壳才能完成其突变性生长，在它的一生中，每蜕一次壳就能得到一次较大幅度的增长。所以，正常的蜕壳意味着生长。

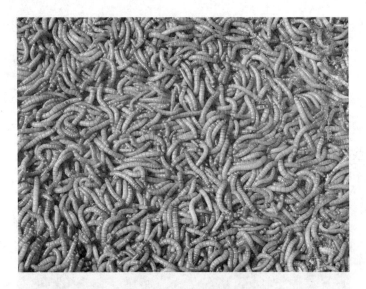

图 1.27　黄粉虫也是很好的动物蛋白

图 1.28　水浮莲是龙虾的喜食饵料

图 1.29　麦穗鱼也是方便易得的动物性食物来源

　　龙虾的蜕壳与水温、营养及个体发育阶段密切相关。幼体一般 4～6 天蜕皮一次，离开母体进入开放水体的幼虾每 5～8 天蜕皮一次，后期幼虾的蜕皮间隔一般 8～20 天。水温高，食物充足，发育阶段早，则蜕皮间隔短。从幼体到性成熟，龙虾要进行 11 次以上的蜕皮。其中蚤状幼体阶段蜕皮 2 次，幼虾阶段蜕皮 9 次以上。

　　蜕壳时间大多在夜晚，人工养殖条件下，有时白天也可见其蜕皮（壳），蜕壳时，先是体液浓度增加，紧接着虾体侧卧，腹肢间歇性地缓缓划动，随后虾体急剧屈伸，将头胸甲与第一腹节背面交结处的关节膜裂开，再经几次突然性的连续跳动，新体就从裂缝中跃出旧壳。这个阶段持续时间约几分钟至十几分钟不等。我们经过多次观察，发现身体健壮的龙虾蜕壳时间多在 8 分钟左右，时间过长则龙虾易死亡。蜕壳后水分从皮质进入体内，身体增重、增大；体内钙石的钙向皮质层转移，新的壳体于 12～24 小时后皮质层变硬、变厚，成为甲壳。进入越冬期的龙虾，一般蛰居在洞穴中，不再蜕壳，并停

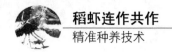
止生长。

　　我们对龙虾蜕皮和蜕壳情况做了调查，性成熟的亲虾一般一年蜕壳 1 ~ 2 次。据测量，全长 8 ~ 11 厘米的龙虾每蜕一次壳，全长可增长 1.2 ~ 1.5 厘米（图 1.30 至图 1.32）。

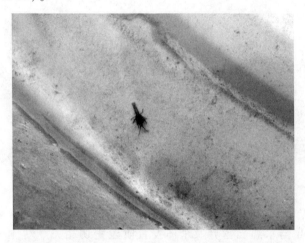

图 1.30　经过第一次蜕皮生长后，即将第二次蜕皮的老虾

图 1.31　刚蜕第二次皮的幼虾

图 1.32　即将蜕壳的大龙虾

十、生长习性

　　龙虾是通过蜕壳来实现体重和体长生长的，离开母体的幼虾适宜温度为20～32℃，很快进入第一次蜕皮，每一次蜕皮后其生长速度明显加快，在水温适宜、饲料充足的情况下，一般 60～90 天内长到体长 8～12 厘米，体重15～20 克，最大可达 30 克以上的商品规格。

　　我们在安徽省滁州地区进行调查测量时发现，9 月中旬脱离母体的幼虾平均全长约 1.05 厘米，平均体重 0.038 克，在稻田中养殖到翌年的 4 月，平均全长达 8.7 厘米，平均体重 24.7 克（图 1.33）。

十一、捕获

　　每年 6—8 月，是龙虾体形最为"丰满"的时候，这时候的龙虾壳硬肉厚，也是人们捕捞和享用它的最佳时机，最实用有效的捕捞方式就是用地笼

图 1.33 蜕皮后的幼虾生长迅速

捕捉（图 1.34 和图 1.35）。

图 1.34 捕捉龙虾的好工具——地笼

图 1.35　收捕地笼里的龙虾

第二章
龙虾的繁殖

经过多年的生产实践，我们认为，现在的苗种人工繁殖技术仍然处于完善和发展之中，在苗种没有批量供应之前，建议各养殖户可采用在稻田中放养抱卵亲虾（图2.1），实行自繁、自育、自养的方法来达到苗种的供应目的。

第一节　生殖习性

一、性成熟

龙虾为隔年性成熟，9—10月离开母体的幼虾到翌年的6—8月即可性成熟产卵。

二、自然性比

在自然界中，龙虾的雌雄比例是不同的，根据舒新亚等（2006）的研究表明，在全长3.0～8.0厘米中，雌性多于雄性，其中雌性占总体的51.5%，

图2.1　建议养殖户在稻田中放养已经抱卵的亲虾

雄性占48.5%，雌雄比例为1.06:1。在8.1~13.5厘米中，也是雌性多于雄性，其中雌性占总体的55.9%，雄性占44.1%，雌雄比为1.17:1，在其他的个体大小中，则是雄性占大多数。

三、交配季节

龙虾的交配季节一般在4月下旬至7月，1尾雄虾可先后与1尾以上的雌虾交配，群体交配高峰在5月（图2.2）。

四、交配行为与排精

交配前雌虾先进行生殖蜕皮，约2分钟即可完成蜕皮过程。交配时雌虾仰卧水面，雄虾用它那又长又大的螯足钳住雌虾的螯足，用步足紧紧抱住雌虾，然后将雌虾翻转、侧卧。到适当时候，雄虾的钙质交接器与雌虾的储精囊连接，雄虾的精夹顺着交接器进入雌虾的储精囊，交配开始，雄虾射出精

子，精子储藏在储精囊中，到9—10月雌虾产卵以前，精子一直保持于此。

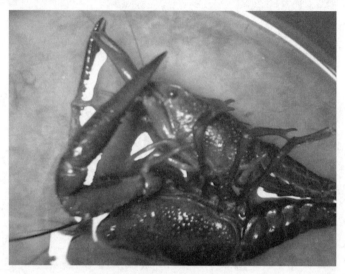

图 2.2　正在交配的亲虾

五、产卵

龙虾一年可产卵 1～2 次，每次产卵 100～500 粒，龙虾雌虾的产卵量随个体长度的增长而增大。根据我们对 154 尾雌虾的解剖结果，体长 7～9 厘米的雌虾，产卵量约为 100～180 粒，平均抱卵量为 134 粒；体长 9～11 厘米的雌虾，产卵量约为 200～350 粒，平均抱卵量为 278 粒；体长 12～15 厘米的亲虾，产卵量为 375～530 粒，平均抱卵量为 412 粒。

六、受精

亲虾交配后 7～40 天，雌虾才开始产卵。雌虾从第三对步足基部的生殖孔排卵并随卵排出很多的蛋清状胶质，将卵包裹，卵经过储精囊时，胶质状物质促使储精囊内的精夹释放精子，精卵结合完成受精过程。腹部侧甲延伸

形成抱卵腔，用于保护受精卵。受精卵呈圆形，随着胚胎发育不断变化（图
2.3）。

图 2.3　受精良好的卵

七、抱卵与孵化

待雌虾排卵使精子受精后，受精卵会被雌虾运送到腹部并黏附在雌虾的
腹足上，腹足不停地摆动以保证受精孵化所必需的溶氧。卵的孵化与水温、
溶氧量、透明度等水质因素相关，稚虾孵出后，全部附于母体的腹部游泳足
上，在母体的保护下完成幼体阶段的生长发育过程。

作者于 2007 年 9 月 26 日曾经对抱卵虾的性腺发育情况做了解剖，根据
解剖的结果发现，这个时间段正是龙虾受精卵快速发育的好时机（表 2.1），
因此我们建议虾农购买抱卵亲虾时，不要晚于 9 月底。

表 2.1　龙虾性腺发育解剖情况

卵的颜色	数量（只）	占总数的百分比（%）
酱紫色	72	39.56
土黄色	54	29.66
深土黄色	23	12.64
吸收中	18	9.89
刚发育	9	4.95
无	6	3.30

在自然情况下，亲虾交配后开始掘洞，雌虾产卵和受精卵孵化的过程基本上是在洞穴中完成的，第一年秋季孵出后，幼体的生长、发育和越冬过程都是附生在母体腹部，到第二年春季才离开母体生活，这也是保证它的繁殖成活率的有效举措，成活率可达 80% 左右。

受精卵孵化时间长短，与水温、溶氧量、透明度等水质因素密切相关。相关资料显示，日本学者对龙虾受精卵的孵化进行了研究，提出在 7℃ 水温条件下，受精卵孵化约需 150 天，10℃ 约需 87 天，15℃ 约需 46 天，22℃ 约需 19 天，25℃ 约需 15 天。如果水温太低，受精卵的孵化可能需数月之久，这就是我们在翌年的 3—5 月仍可见到抱卵虾的原因（图 2.4 至图 2.6）。

图 2.4   已经抱卵的龙虾

图 2.5   幼虾在母体上慢慢发育

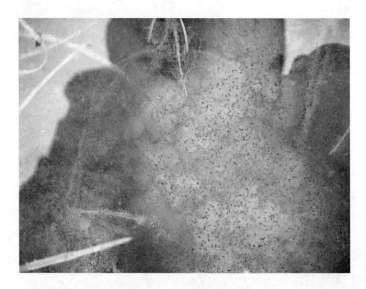

图 2.6 孵化成小虾苗

第二节 雌雄鉴别

在自然条件下，龙虾性成熟较早，在 25～30 克即可达到性成熟。

性成熟后的龙虾雌雄异体，雌雄两性在外形上都有自己的特征，差异十分明显，容易区别，鉴别如下：

一、个体大小的区别

达到性成熟的同龄虾中，雄性个体都要大于雌性个体（图 2.7）。

二、腹部比较

两者相比较而言，性成熟的雌虾腹部膨大，雄虾腹部相对狭小。

图 2.7　雄龙虾的个头一般都比较大

三、螯足特征

雄虾螯足膨大，腕节和掌节上的棘突长而明显，且螯足的前端外侧有一明亮的红色软疣；雌虾螯足较小，大部分没有红色软疣，小部分有，但面积小且颜色较淡（图 2.8 和图 2.9）。

图 2.8　雌龙虾的螯足要小

图 2.9　雄虾的螯足要大一点

四、生殖腺区别

雌虾的生殖孔开口于第 5 步足基部，可见明显的一对暗色圆孔，腹部侧甲延伸形成抱卵腔，用以附着卵；雄虾有一对交接器，输精管只有左侧一根，呈白色线状（图 2.10 和图 2.11）。

五、交接器

雄虾第 1、第 2 腹足演变成白色，钙质的管状交接器；雌虾第 1 腹足退化，第 2 腹足羽状。

六、性腺颜色

性腺观察时，雌龙虾的性腺呈土黄色。

图 2.10　雌龙虾无交接器

图 2.11　雄龙虾的棒状交接器

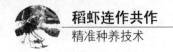

第三节　亲虾选择

一、选择时间

选择龙虾亲虾的时间一般在8—10月或翌年3—4月，来源应直接从养殖龙虾的池塘、稻田或天然水域捕捞，亲虾离水的时间应尽可能短，一般要求离水时间不要超过2小时，在室内或潮湿的环境，时间可适当长一些。

值得注意的一点就是在挑选亲虾时，最好不要挑选那些已经附卵甚至可见到部分小虾苗的亲虾，因为这些小虾苗会随着挤压或运输颠簸而被压死或脱落母体死亡，也有部分未死的亲虾或虾苗，在到达目的地后也要打洞消耗体力而无法顺利完成生长发育（图2.12和图2.13）。

图2.12　仔细挑选亲虾

图 2.13　这种已经有小龙虾出现的抱仔虾最好不要选择为
亲虾，而是就地培育为宜

二、雌雄比例

雌雄比例应根据繁殖方法的不同而有一定的差异，如果是用人工繁殖模式的雌雄比例以 2:1 为宜；半人工繁殖模式的以 5:2 或 3:1 为好；在自然水域中以增殖模式进行繁殖的雌雄比例通常为 3:1（图 2.14）。

三、选择标准

一是雌雄性比要适当，达到繁殖要求的性配比。

二是个体要大。达性成熟的龙虾个体要比一般的生长阶段的个体大，雌雄性个体重都要在 30 ~ 40 克为宜（图 2.15）。

三是颜色有要求。要求颜色暗红或黑红色、有光泽，体表光滑而且没有纤毛虫等附着物。那些颜色呈青色的虾，看起来很大，但仍属壮年虾，一般

图 2.14　在挑选时要注意龙虾的雌雄配比

图 2.15　这种大个体的龙虾比较适宜做亲本

还可蜕壳 1~2 次后才能达到性成熟，商品价值也很高，宜作为商品虾出售。

　　四是健康要严格要求。亲虾要求附肢齐全，缺少附肢的虾尽量不要选择，尤其是螯足残缺的亲虾要坚决摒弃。还要亲虾身体健康无病，体格健壮，活动能力强，反应灵敏，当人用手抓它时，它会竖起身子，舞动双螯保护自己，取一只放在地上，它会迅速爬走（图2.16和图2.17）。

图 2.16 挑选好的适宜的亲虾（雄）

图 2.17 挑选好的适宜的亲虾（雌）

　　五是其他情况要了解。主要是了解龙虾的来源、离开水体的时间、运输方式等。如果是药捕（如敌杀死药捕）的龙虾，坚决不能用做亲虾，那些离水时间过长（高温季节离水时间不要超过2小时，一般情况下不要超过4小时，严格要求离水时间尽可能短）、运输方式粗糙（过分挤压风吹）的市场

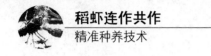

虾不能作为亲虾。

六是对亲虾的规格选择。同是水产品，应有可比性，因此按照其他品种的养殖经验，亲虾个体越大，繁殖能力越强，繁殖出的小虾的质量也会越好，所以很多人选择大个体的虾作种虾，但有专家在生产中发现，实际结果刚好相反。

经过详细分析，认为主要的原因在于龙虾的寿命非常短，我们看见的大个体的虾往往已经接近死亡，不仅不能繁殖，反而造成成条虾数量的减少，产量下降。所以建议亲虾的规格最好是在 30 ~ 40 尾/千克的成虾，但一定要求附肢齐全、颜色呈红色或褐色。

第四节　亲虾的运输

一、挑选健壮、未受伤的龙虾

在运输龙虾之前，从渔船上或养殖场开始就要对运输用的活虾进行小心处理。也就是说，要从虾笼内小心地取下所捕到的龙虾，把体弱、受伤的与体壮的、未受伤的分开，然后把体壮的、未受伤的龙虾放入有活水的容器或存养池中。如果是远距离购买并运输，最好在清水中暂养 24 小时，再次选出体壮的龙虾（图 2.18）。此外，在运输前再进行一次雌雄分拣（图 2.19）。

二、要保持一定的湿度和温度

在运输龙虾时，环境湿度的控制很重要，相对湿度为 70% ~ 95% 可以防止龙虾脱水，降低运输中的死亡率。运输时可以将水花生、菹草等水草装在容器内（图 2.20），在上面洒上水，运输的时间不要超过 8 小时。

图 2.18　先把从虾笼中捕捉的虾进行挑选，去除娇嫩、病弱的虾

图 2.19　在运输前再一次对龙虾分拣雌雄

图 2.20　在亲虾运输前装上水草，可以保证一定的湿度，

以防龙虾失水

三、运输容器的选择

存放龙虾的容器必须绝热、不漏水、轻便、易于搬运，能经受住一定的压力。目前使用比较多的是泡沫箱（图 2.21）。每箱装虾 15 千克左右，在里面装上 2 千克的冰块，再用封口胶将箱口密封即可进行长途运输。

图 2.21　运虾用的泡沫箱

带水运输也是常见的运输方法，但是仅适用于近距离、数量少的状态。

用专用的虾篓、虾苗箱或改造后的啤酒箱装运龙虾，也非常有效，但要注意一点就是单箱的数量不要太多，不能过度挤压，而且在运输过程中要注意及时洒水保湿。

还有一种更简便的运输方法就是用蒲包、网袋、虾袋、竹篓、木桶等装运。在箩筐内衬以用水浸泡过的蒲包，再把龙虾放入蒲包内，蒲包扎紧，以减少亲虾体力的消耗，运输途中防止风吹、曝晒和雨淋。包装过的龙虾装入汽车中运输（图 2.22）。

图 2.22　最经济实惠的运输工具是汽车

四、试水后再放养

从外地购进的亲虾，因离水时间较长，放养前应将虾种在稻田的田间沟内浸泡 1 分钟，提起搁置 2～3 分钟，再浸泡 1 分钟，如此反复 2～3 次，也可将虾种放在水盆等容器里进行试水，但是必须用田间沟里的水（图 2.23）。让亲虾体表和鳃腔吸足水分后再放养，以提高成活率。

图 2.23　试水

第五节　亲虾越冬

亲虾的越冬关系到翌年幼虾供应，也是整个繁殖工作的重要环节。由于龙虾在自然环境中是通过藏在洞穴并将洞口封堵上来越冬，因此在生产上可采用保温的方法来越冬。常用的方法有塑料薄膜覆盖培育水池保温法、电热器加温法、温泉水越冬法、工厂余热水越冬法和玻璃室越冬法等，保证越冬期间的水温在 16～18℃，都能达到亲虾安全越冬的效果。

越冬管理工作也很重要，如果越冬场所的水温能保持在适当范围内，可投喂野杂鱼、螺蛳、河蚌肉、蚯蚓及畜禽内脏等饲料，让亲虾恢复体质，同时水体内要投放充足的水草或稻草，并适度施肥，培育浮游生物，保持透明度在 30～40 厘米，保证亲虾和孵出的幼虾有足够的食物（图 2.24）。

我们全椒模式在冬季亲虾越冬时，并没有人为地干预它的生活规律，而是采用让龙虾亲虾自然进入越冬状态。在秋季水稻收割后，利用稻田中的稻桩及萌发的青苗来为龙虾越冬前获得更好的活饵料，然后当水温继续下降时，

图 2.24　放虾种越冬

再利用龙虾的自然掘穴行为，进入田埂、田间沟或稻桩旁的洞穴中越冬（图 2.25）。

图 2.25　龙虾亲虾在洞穴中越冬

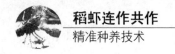

第六节　亲虾的培育与繁殖

龙虾的繁殖方式主要是自然繁殖，现在许多科技资料介绍可用全人工进行繁殖，但经过试验和调查，发现这种人工繁殖是不成熟的，我们建议广大养殖户还是走自繁自育、自然增殖的方法。即使是人工繁殖的苗种，在投放时也要注意运输距离不超过300千米，途中运输时间不超过3小时。

一、培育场

可选择池塘、河沟、低洼稻田等，面积以1.5~2亩①为宜，要求能保持水深1.2米左右，池埂宽1.5米以上，池底平整，最好是硬质底，池埂坡度1:3以上，有充足良好的水源，建好注、排水口，进水口加栅栏和过滤网，防止敌害生物入池，同时防止青蛙入池产卵，避免蝌蚪残食虾苗。四周池埂用塑料薄膜或钙塑板搭建以防亲虾攀附逃逸，池中要尽可能多一些小的田间埂，种植占总水面1/3~1/4的水葫芦、水浮莲、水花生、眼子菜、轮叶黑藻、菹草等水草，水底最好有隐蔽性的洞穴，池中放置扎好的草堆、树枝、竹筒、杨树根、棕榈皮等作为隐蔽物和虾苗蜕壳附着物（图2.26和图2.27）。

二、亲虾放养

亲虾放养时间选择在每年的7月下旬至9月中旬进行，此时虾还未进入洞穴容易捕捞放养，选择体质健壮，肉质肥满结实、规格一致的虾种和抱卵亲虾放养。放养前一周，用75千克/亩生石灰干塘消毒。消毒后经过滤（防野杂鱼入池）注水深1米左右，施入腐熟畜禽粪750千克/亩培肥水质。具体

---

① 亩：非法定计量单位，1亩≈666.67平方米。

图 2.26　亲虾培育场所，防逃设施要到位

图 2.27　水花生是龙虾保种的好水草

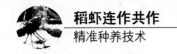
的放养密度根据水源条件、育苗池条件、育苗技术及要达到的育苗量酌情增减，如果是直接在水体中抱卵孵化并培育幼虾，并养成大虾，每亩放亲虾 25 千克，雌雄比例（3~2）:1，放养前用 5 食盐水浸浴 5 分钟，以杀灭病原体。如果是用水体进行大批量培育苗种，则每亩放亲虾 100 千克，雌雄比例 2:1。10 月上旬开始降低水位，露出堤埂和高坡，确保它们离水面约 30 厘米，池塘水深也要保持在 60~70 厘米，让亲虾掘穴繁殖。待虾洞基本上掘好后，再将水位提升至 1 米左右。

经过运输的亲虾，投放前需要平衡水温，并用 10~20 克/米^3 的高锰酸钾溶液浸浴 5~10 分钟后，轻轻倒在池塘斜坡上，让其自行爬入水中。

三、性腺发育的检查

为做到随时掌握亲虾的抱卵情况及发育情况，为来年的生产打下坚实的基础，对龙虾的性腺发育要作随机检查。由于龙虾的抱卵孵化基本上是在洞穴中进行，因此可以通过人工挖开洞穴，提取样本，进行检查（图 2.28 和图 2.29）。

图 2.28　挖开洞穴，获取龙虾

图 2.29　对龙虾的性腺发育情况进行检查

四、加强投喂管理

为了保证幼虾在蜕皮时不受惊扰，也是为了防止软壳虾被侵犯，在全人工繁殖期间最好不要放其他鱼。亲虾投放后需要及时投喂，投喂管理比较简单，可投喂切碎的螺蚌肉、小鱼、小虾、畜禽屠宰下脚料、新鲜水草、黄豆、小麦、玉米、豆饼、麦麸或配合饲料等。这里提供一个搭配配方比例为黄豆20%、小麦15%、玉米15%、河蚌肉30%、杂鱼20%，谷类浸泡一天后投喂。由于亲虾的繁殖量是难以控制的，因此日投喂量主要是随着水温而有一定的变化，每天早、晚各投喂1次，以傍晚为主，沿池边及水草边均匀投喂。具体的投饵量可采取试差法，即根据前一日投喂的饵料是否余下作判断，如果余下则要少投，如果没余就要多投，捕捞后要少投（图2.30）。也可每亩稻田设置2~3个饲料台，每天清晨检查残饵情况，以便调整投喂量。有条件的养殖户，可以增加河蚌肉的投喂比例，也可以按照饲料总重的0.02%添加Ve，促进龙虾性腺发育。

图 2.30　及时投喂营养丰富的饲料是必要的

图 2.31　冲水刺激是培育亲虾的技术措施之一

五、水质管理

加强水质管理是非常重要的，一是可及时提供新鲜的水源，二是可提供外源性微生物和矿物质，三是对改善水质大有裨益。坚持每半月天换新水 1次，每次换水 1/4；每月天用生石灰 15 克/米^2 兑水泼洒 1 次，以保持良好水质，促进亲虾性腺发育（图 2.31）。

六、人工诱导措施

1. 水位刺激

9 月上旬，逐步降低繁育池水位，每隔 5~7 天排水 1 次，每次排水 10 厘米；至 9 月底，将水位降至 0.6~0.8 米，诱导亲虾入穴、交配、抱卵。保持此水位 10 天左右；10 月中旬，一次性将水位加至 1.2~1.5 米，淹没池塘边大部分洞穴，诱导抱卵虾进入水中孵化、排苗（图 2.32）。

图 2.32　经常进行水位刺激

2. 光照控制

9月上旬，根据水草的覆盖面积，增加水草、网片等隐蔽物至70%左右；加强水质培肥，调节育苗池透明度在20～25厘米；15～20天使用一次EM菌等微生态制剂，调节水质，通过隐蔽物及降低透明度达到降低光照，诱导亲虾交配、产卵。育苗池如图2.33所示。

图2.33　准备育苗池

七、孵化与护幼

进入春季后，要坚持每天巡池，查看抱卵亲虾的发育与孵化情况，一旦发现有大量幼虾孵化，可用地笼捕捉已繁殖过的大虾，尽量减少盘点过池，操作也要特别小心，避免对抱卵的亲虾和刚孵出的仔虾造成影响。同时要加强管理，适当降低水位10～20厘米，以提高水温，同时做好幼虾投喂工作和捕捞大虾的工作。在捕捞时要注意，龙虾具有强烈的护幼行为，一旦遇到它认为不安全时，就会迅速让幼虾躲藏在它的腹部附肢下，因此待幼虾长到一定大小时，最好先取走亲虾，然后再捕捉幼虾。

　　春季期间检查亲虾的抱卵、发育及孵化情况，具体方法和步骤见图 2.34 至图 2.39。

图 2.34　检查亲虾——刚刚抱卵的虾

图 2.35　检查亲虾——发育一周左右的抱卵虾

图 2.36　检查亲虾——已经发育成小幼虾的抱卵虾

图 2.37　检查亲虾——可清楚地看到小幼虾

图 2.38　检查亲虾——已经离开部分幼虾的抱卵虾

图 2.39　检查亲虾——繁殖后的亲虾

八、及时采苗

稚虾孵化后在母体保护下完成幼虾阶段的生长发育过程。稚虾一离开母体，就能主动摄食，独立生活。此时一定要适时培养轮虫等小型浮游动物供刚孵出的仔虾摄食，估计出苗前 3～5 天，开始从饲料专用池捕捞少量小型浮游动物入虾苗池（图 2.40）。并用熟蛋黄、豆浆等及时补充仔、幼虾所需的食料供应。当发现繁殖池中有大量稚虾出现时，应及时采苗，进行虾苗培育。

图 2.40　孵出小虾

第三章
龙虾的幼虾培育

离开抱卵虾的幼虾体长约为 1 厘米，在生产上可以直接放入稻田进行养殖，但由于此时的幼虾个体很小，自身的游泳能力、捕食能力、对外界环境的适应能力、抵御躲藏敌害的能力都比较弱，如果直接放入稻田中养殖，成活率较低，最终会影响成虾的预期产量期望值。因此有条件的地方可进行幼虾培育，待幼虾三次蜕皮后（图 3.1），体长达 3 厘米左右时，再放入成虾稻

图 3.1　三次蜕皮的虾

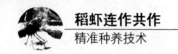
田中养殖，可有效地提高成活率和养殖产量。龙虾的幼虾培育主要有水泥池培育和土池培育两种模式。

第一节　幼苗的采捕

一、采捕工具

龙虾幼苗的采捕工具主要有两种，一种是网捕，一种是笼捕。

二、采捕方法

网捕时，操作简单易掌握，一是用三角抄网抄捕，用手抓住草把，把抄网放在草下面，轻轻地抖动草把，即可获取幼虾。二是用虾网诱捕，在专用的虾网上放置一块猪骨头或内脏，待 10 分钟后提起虾网，即可捕获幼虾（图3.2）。

笼捕时，要用特制的密网目制成的小地笼，为了提高捕捞效果，可在笼内放置猪骨头，间隔 4 小时后收笼。也可用竹篾制成的小篓子，里面放上鸡鸭下脚料等，可以引诱幼虾而捕捉。

三、运输技巧

虾苗不易运输，运输时间不宜超过 3 小时，否则会影响成活率。根据滁州市水产技术推广站在 2009 年、2011 年和 2012 年做的 8 次试验情况来看，运输时间在一个半小时内，成活率达 70%，运输时间超过 3 小时的死亡率高达 60%，超过 5 小时后，虾苗死亡率几乎达百分百。

因此运输时要讲究技巧，一是要准确确定运输路线，确定最短时间路线；二是准确计算行程，确保运输时间在 2 小时内；三是要确定合适的运输方法，

图 3.2　采捕好的虾苗

有的养殖户采取和河蟹大眼幼体一样的干法运输（即无水运输），我们也做了试验，死亡率非常高，因此建议养殖户采用带水充氧运输（图 3.3）。

图 3.3　虾苗的带水充氧运输

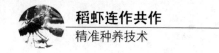

第二节　水泥池培育

一、培育池的建设

1. 面积

根据生产实践，培育池的面积在 100～120 平方米为宜。

2. 建设

水泥池设计以长方形或圆形均可，要求用砖砌，池内壁要用水泥抹平，保持光滑，以免碰伤幼虾，池角圆钝无直角，以防龙虾攀爬出来（图 3.4 和图 3.5）。进排水设施要完善。水泥池培育时水位不宜太深，以免幼虾因受压力太大而沉底窒息死亡，一般水深控制在 30～50 厘米，在水位线以下的池壁抹粗糙些，以利于幼虾攀爬，水位线以上的部分尽可能抹光滑些，以防幼虾逃跑。为了防止幼虾攀爬逃逸，可在池壁顶部加半块砖头做成反檐。为了方便出水和收集幼虾，池底要有 1% 左右的倾斜度，最低处设一出苗孔，池外侧设集苗池，便于排水出苗。在适宜的水位上方设置平水缺，可用 80 目的纱窗挡好。

3. 水泥池的消毒处理

在虾苗入池前，必须对水泥池进行清洗和消毒，用板刷将池内上上下下刷洗 2～3 遍后，再用 100 毫克/升的漂白粉全池洗刷一遍，即达到消毒目的。新建的水泥池还需要进行去火（俗称去碱）处理，方法有两种，一种是用烧碱溶液浸泡，二是用硫代硫酸钠处理；除去水泥中的硅酸盐后，再用漂白粉

图 3.4　方形水泥培育池

图 3.5　圆形水泥培育池

消毒方可使用。进水时，用 40 目的筛绢过滤水流，以防止野杂鱼及水生敌害昆虫进入池内危害幼虾。

4. 隐藏物的设置

水泥池中要移植和投放一定数量的沉水性及漂浮性水生植物,沉水性植物可用轮叶黑藻、苲草、伊乐藻、马来眼子菜等,将它们扎成一团,然后用小石块系好沉于水底,每5平方米放一团(图3.6)。漂浮性植物可用水葫芦、浮萍、水浮莲等(图3.7)。这些水生植物可供幼虾攀爬,是它们栖息和蜕壳时的隐蔽场所,还可作为幼虾的饲料,保证幼虾培育有较高的成活率。

图3.6 苲草等沉水植物可以扎成束作为龙虾幼苗的躲藏处

图3.7 水葫芦等漂浮性水草直接投放在水泥池中即可

5. 水位控制

幼虾培育时的水位宜控制在 50 厘米左右。

6. 增加溶解氧

虾苗放养密度较高时，要采用机械增氧或气泡石增氧。机械增氧主要是用鼓风机通过通气管道将氧气送入水体中，包括鼓风机、送气管道和气石，根据水泥池大小和充气量要求配置罗茨鼓风机或电磁式空气压缩机（图3.8）。散气石选取 60~100 号金刚砂气石，每 2 平方米设置一个（图3.9）。这样不仅保证了水中较高的溶解氧，而且借助波浪的作用使虾苗比较均匀地分布于池水中。

图 3.8　电磁式空气压缩机是常用有效的增氧设备

图 3.9　正在增氧的气砂石

二、培育用水

幼虾培育用水一般用河水、湖水和地下水就可以了，水质要符合国家颁布的渔业用水或无公害食品淡水水质标准。

三、幼虾放养

1. 幼虾要求

为了防止在高密度情况下，大小幼虾互相残杀，在幼虾放养时，要注意同池中幼虾规格保持一致，体质健壮，无病无伤。

2. 放养时间

要根据幼虾苗采捕而定，一般以晴天的上午 10：00 为好。

3. 放养密度

每平方米可放养幼虾 800 尾左右。

4. 放养技巧

一是要带水操作，投放时动作要轻快，要避免使幼虾受伤。

二是要试温后放养，方法是将幼虾运输袋去掉外袋，将袋浸泡在水泥培育池内 10 分钟，然后转动一下再放置 10 分钟，待水温一致后再开袋放虾，确保运输幼虾水体的水温和培育池里的水温一致（图 3.10）。

图 3.10　带水放虾苗

四、日常管理

一是投喂工作要抓紧：要求每天"定时、定点、定质、定量"投饵。饵料的种类以营养价值高、又易消化的豆浆、豆粉、血粉、鱼粉、蛋黄比较适

宜，枝角类和水蚯蚓等天然活饵料为最佳（图3.11和图3.12），因为这类活饵既可以节约饵料，又能满足仔幼虾的蛋白质需要，更重要的是对水质影响较小。

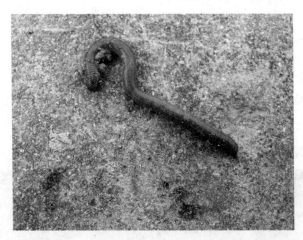

图3.11　蚯蚓等动物性饵料是培育幼虾的优质饲料，但在投喂前要洗净并切碎

图3.12　大面积培育虾苗时可以人工培养的枝角类作为活饵料

要定时向池中投喂浮游动物或人工饲料，浮游动物可从池塘或天然水域捞取，也可进行提前培育。人工饲料主要是用磨碎的豆浆，或者用小鱼、小虾、螺蚌肉、蚯蚓、蚕蛹、鱼粉等动物性饲料，适当搭配玉米、小麦，粉碎混合成糜状或糊状均匀地撒在水中，等到第三次蜕皮后，可以将饵料加工成软颗粒饲料投放在水草叶面上，让幼虾爬上来摄食。每日投喂三次，具体投饵量要视水质和虾的摄食情况而定。

二是在培育期间，要经常换水，控制水质，定期排污、吸出残饵及排泄物，每隔 7 天换水 1/3，每 15 天用一次微生物制剂，保持清新良好的水质，使水中的溶氧保持在 5 毫克/升以上。水深保持在 50 厘米，水温保持在 25 ~ 28℃，日变化不要超过 3℃。

三是做好其他管理工作，加强巡视工作，并做好日常记录（图 3.13）。

图 3.13 检查虾苗的培育情况

五、幼虾收获

在水泥池中收获幼虾操作较为简单，一是用密网片围绕小水泥池拉网起

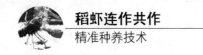
捕；二是直接通过池底的阀门放水起捕，然后用抄网在出水口接住即可，但要注意水流放得不能太快，否则易对幼虾造成伤害。

第三节　土池培育

土池培育的原理和方法与水泥池相似，只是土池培育的可控性和可操作性较差。

一、做好统筹安排工作

在培育幼虾时，如何做到有的放矢，以最小的成本获得最大的利润，这就涉及统筹规划和整体设计问题。

1. 确定培育的目的

随着龙虾生产的发展，养殖户对仔幼虾的需求量大增，出现供不应求的局面。幼虾培育具有本小利大、培育周期短的优点，引发农村广大养殖户发展幼虾培育。一旦决定进行虾种生产，就应该了解培育虾种的目的，若属于自培自养的养殖户，则应根据池塘的面积、养殖水平，估算所需幼虾的数量，从而确定培育池的大小；若是培育出来的幼虾全部或部分出售，则应认真考察市场，联系好可靠的买主，再根据所需幼虾数量来确定培育池的大小。

2. 确定育苗量和培育池面积

在确定培育幼虾的目的后，综合资本数量、技术水平，合理估算所需亲虾数量及所建培育池的面积。

二、池塘准备

1. 池塘条件

池塘要邻近水源，水源充沛清新，周边无工业和农业污染。池塘要求呈长方形，东西走向，长宽比在 3：1 左右，一般池宽有 5.5 米和 8.0 米两种。面积依培育数量而定，一般每池在 80～120 平方米左右，不宜太大，坡比1：（2.5～3），池深 1.5～1.8 米，可储水 1.0～1.2 米，塘埂宽 1 米以上，土质以壤土为好，不宜选用保水、保肥性差的沙土，底泥厚度，不要超过 10 厘米，在培育池的出水口一端要有 2～4 平方米面积大小的集虾坑。

建池时应考虑水源与水质。以水源充足、水质良好、清新无污染且有一定流水的条件为佳。水体 pH 值介于 6.5～8.0，以 pH 值 7.0～7.4 为最好，含氧量保持在 5 毫克/升以上，透明度 35 厘米左右。土池应建在安静无嘈杂声音的地方，选择避风向阳的场所，保证幼虾蜕壳时免受干扰（图 3.14）。

图 3.14　培育幼虾的池塘

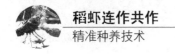

2. 防逃设施

龙虾逃逸能力弱于河蟹，但幼虾的身体轻便，也具有较强的攀爬逃逸能力，特别是水质恶化时，其逃逸趋势加剧，因而在育苗前就要注意防逃设施的安装。在池埂上设置防逃墙，防逃材料可选用厚塑料薄膜、40目聚乙烯网片、石棉瓦等，基部入土10~15厘米，顶端高出埂面30~40厘米，40目聚乙烯网片上端内外缝制8~10厘米的厚塑料薄膜，石棉瓦之间咬合紧密，防逃墙与塘埂垂直，每隔100厘米处用一木桩固定，对于培育面积不大的土池，也可以考虑选用密眼筛绢防逃。注意四角应做成弧形，防止龙虾沿夹角攀爬外逃（图3.15至图3.17），进水口用30~50目/厘米^{2}双层筛绢网布过滤，排水口设置40目/厘米^{2}的密眼网罩，防止昆虫、小鱼虾及卵等敌害生物随进水入池中，同时也是防止幼虾外逃的重要措施。

图3.15　下部式防逃防盗

图 3.16　上部式防逃

图 3.17　筛绢防逃

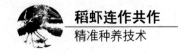

三、增氧设备

在池塘中进行龙虾苗种的培育时，由于幼虾密度大、加上投喂量大且虾的排泄物多，常常会造成池塘底部的局部缺氧，因此在培育时设置增氧机是提高苗种培育成活率的关键技术措施之一。增氧机的使用功率可依需要而决定，一般在生产上按 25 瓦/米² 的功率配备，每个培育池（面积 150 平方米左右）可配备功率为 250 瓦的小型增氧机两台，或用 375 瓦的中型增氧机 1 台，多个培育池在一起时，可采用大功率空气压缩机（图 3.18 和图 3.19）。

输送管又叫通气管或增氧管，采用直径为 3 厘米的白色硬塑料管（食用级塑料管为佳）制成，在塑料管上每间隔 30 厘米打两个呈 60° 角的小孔，大小可用大号缝被针，经火烫后刺穿管子即可。将整条通气管设置于离池底 5 厘米处，一般与导热管道捆扎在一起放置，在池中呈 "U" 字形设置或盘旋成 3~4 圈均匀设置，在管子的另一端应用木塞或其他东西塞紧不能出现漏气现象。也可将输送管置于水面 20 厘米处，通过气砂石将氧气输送到水体的各个角落，效果也不错。虾苗入池后，立即开动增氧机，不间断地向池中充气增氧（若增氧机使用时间过长，机体发热时，可于中午停机 1~2 个小时），确保水中含有丰富的溶氧，有利于虾苗的生长发育。在培育幼虾时，采用增氧技术进行增氧，氧气能布满全池，大大增加受氧面积。充氧对于幼虾的生长发育起着关键性的作用，会使幼虾的分布也比较均匀，池水中各处密度也比较一致，因此最大限度地利用了水体空间及水草，也减少了幼虾自相残食的几率，提高了培育幼虾的成活率。

四、培育池的处理

1. 清塘消毒

对老池塘应彻底干塘，清除杂草、杂物，挖去过多淤泥，充分曝晒 7~10

图 3.18　布设好的增氧管

图 3.19　增氧实况

天，使得塘底呈龟裂状。放虾苗前 15 天进行清池消毒，用生石灰溶水后全池泼洒，生石灰用量为 150 千克/亩，7～10 天毒性消除。也可加水 1 米，使用漂白粉药物清塘，每亩用量 8～10 千克，化水后全池泼洒，5～6 天毒性消除。

消毒后进水要用细网拦住进水口，防止致害生物入侵（图 3.20 至图 3.22）。

图 3.20　对老塘要进行曝晒

图 3.21　对老塘口要进行清淤晒塘处理

图 3.22　进水时要用细网拦住，防止敌害生物入侵

2. 施肥培水

每亩施充分腐熟的人畜粪肥或草粪肥 400～500 千克，培育幼虾喜食的天然饵料，如轮虫、枝角类、桡足类等浮游生物。可将肥料沿池塘四周多点堆放，也可结合晒塘将有机肥料埋入地下 10～15 厘米，追肥宜选用市场销售的生物肥，生物肥严格遵照使用说明，并结合应用微生态制剂，保持池水肥度。

3. 栽种水草

施基肥后，进水 20～30 厘米，在培育池中移栽水草，水草通常有聚草、菹草、水花生等。栽种水草的方法是，将水草根部集中在一头，一手拿一小撮水草，另一手拿铁锹挖一小坑，将水草植入，每株间的行距约为 20 厘米，株距为 15～20 厘米。水草移栽前使用 10 克/米³ 漂白粉（有效氯 30%）浸泡消毒 10 分钟，用清水洗净后移栽，水草面积占总水面的 50%～60% 为宜。随着水草扎根成活，逐渐加深水位，同时在培育池四周布设水花生、水葫芦，

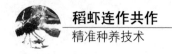
间隔 4~5 米种植一团草，用竹竿及绳子固定（图 3.23 和图 3.24）。

　　水草在幼虾培育中起着十分重要的作用，具体表现在：模拟生态环境、为幼虾提供丰富的食物和隐蔽栖息场所、净化水质、提供氧气、可供幼虾攀附、可以为幼虾遮阴、提供摄食场所和防病作用。

图 3.23　水花生是很好的水草

图 3.24　培育池里的水草

4. 隐蔽物设置

育苗池中的沉性水草易受亲虾破坏，常导致水草难以成活。若水草覆盖面积不足，可以利用网片、石棉瓦、砖块等设置隐蔽物，隐蔽物设置前需要在水中浸泡 3 - 5 天后使用，网片可以用 8 号铁丝作为支架制作成三角形多隔层栖息网，也可以利用竹竿作为支架制作成伞状栖息物；石棉瓦四角用砖块支撑，石棉瓦距地面 5 厘米左右（图 3.25）。

图 3.25　放置好的隐蔽物

五、其他设施

1. 投饵工具

磨碎小鱼、肉糜、豆浆用的磨浆机一台，功率为 750 瓦。投饵用的塑料盒、塑料桶、水勺各 1 个，过滤饵料的滤布 1 块。

2. 检苗工具

检苗工具有两种，一种市面上有售，规格为 10 厘米×15 厘米，形似苍蝇拍，用 60 目筛绢缝制；另一种为自制，形似簸箕，底部规格为 50 厘米×50 厘米，也用 60 目筛绢缝制。平时为了检查仔幼虾分布情况、摄食情况、底泥淤积程度，可分点打苗抽样，检苗工具也可用于随机抽样估测虾苗数量。

3. 取苗工具

主要有三角抄网、手推网、长柄捞海和虾笼。

六、幼虾放养

放养方法和水泥池是一样的，只是密度不同而已，每亩放养幼虾约 10 万尾左右。放养时间要选择在晴天早晨或傍晚，要带水操作，将幼虾投放在浅水水草区，投放时动作要轻快，要避免使幼虾受伤（图 3.26）。

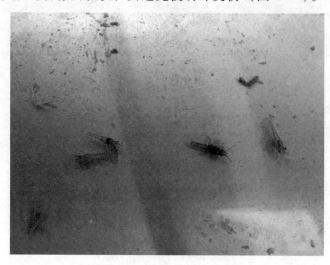

图 3.26　适宜放养的幼虾

七、不同阶段的培育管理

龙虾苗种的培育可分为四个培育阶段，在不同的时期有不同的培育管理工作。

第一阶段为培水阶段。视育苗池的肥度，在繁育池四周堆放腐熟的有机粪肥，每亩用量为 200~250 千克，培育轮虫、枝角类等天然浮游生物，为幼虾提供适口天然饵料生物。

第二阶段为保肥阶段。每天傍晚和早晨，当发现大量苗种在岸边活动时，开始泼洒豆浆，每亩用量 1 千克黄豆，以后逐渐增加至 3 千克/亩，视水体肥度，可适当增减豆浆的投喂量，豆浆与水混匀后，沿池边均匀泼洒，每天分别在 7：00—8：00、14：00—15：00、18：00—19：00 三个时间段泼洒，透明度控制在 20 厘米左右。

第三阶段为虾苗强化培育阶段。豆浆逐渐改为粗制豆粉、煮熟的鱼糜、肉糜，加水混匀后沿育苗池四周浅水处均匀泼洒，日投喂量约占存塘幼虾重量的 10%~15%，每天分别在 7：00—8：00、14：00—15：00、18：00—19：00 三个时间段泼洒，在入深秋前将虾苗培育至 2~3 厘米。

第四阶段为虾苗规格提升阶段。投喂饲料同亲虾饲料，也可投喂颗粒饲料，谷物类需混匀粉碎，日投喂量约占存塘幼虾重量的 5%~10%，每天分别在 7：00—8：00、18：00—19：00 两个时间段内投喂。

八、日常管理

日常管理是和水泥池培育相同的，也就是投喂、水质管理以及日常巡视等内容。

1. 饲料投喂

由于土池没有水泥池的可控性强，因此提前培育浮游生物是很有必要的，

在放苗前七天向培育池内追施发酵过的有机草粪肥，培肥水质，培育枝角类和桡足类浮游动物，为幼虾提供充足的天然饵料。在培育过程中要投喂各种饵料，天然饲料主要有浮萍、水花生、苦草、野杂鱼、螺、蚌等，人工饲料主要有豆腐、豆渣、豆饼、麦子、配合饲料等。饲料质量要新鲜适口，严禁投喂腐败变质的饲料。

前期每天投喂 3～4 次，投喂的种类以鱼肉糜、绞碎的螺、蚌肉或天然水域捞取的枝角类和桡足类为主，也可投喂屠宰场和食品加工厂的下脚料（图3.27），人工磨制的豆浆等。投喂量以每万尾幼虾 0.15～0.20 千克，沿池多点片状投喂。饲养中后期要定时向池中投施腐熟的草粪肥，一般每半个月一次，每次每亩 100～150 千克。同时每天投喂 2～3 次人工糜状或软颗粒饲料，日投饲量以每万尾幼虾为 0.3～0.5 千克，或按幼虾体重的 4%～8% 投饲，白天投喂占日投饵量的 40%，晚上占日投饵量的 60%。培育水蚯蚓作为幼虾的部分调料，可明显提高幼虾的成活率与规格（图 3.28）。

图 3.27　下脚料也是幼虾培育的好饵料

2. 水质调控

（1）注水与换水

培育过程中，要保持水质清新，溶氧充足，虾苗下塘后每周加注新水一

图 3.28　水蚯蚓是幼虾培育的好饵料

次，每次 15 厘米，保持池水"肥、活、嫩、爽"，溶氧量在 5 毫克/升，注水时可采用 PVC 管伸入塘中叠水添加的方法（图 3.29），这样既可增氧又可防止龙虾戏水外逃。

图 3.29　叠水添加的进水管道

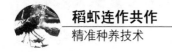

（2）调节 pH 值

每半月左右泼洒生石灰水一次，每次生石灰用量为 10 ~ 15 克/米^3，进行池水水质调节和增加池水中离子钙的含量，提供幼虾在蜕壳生长时所需的钙质。

3. 日常管理

巡塘值班，早晚巡视，观察幼虾摄食、活动、蜕壳、水质变化等情况，发现异常及时采取措施。注意防逃防鼠，下雨加水时严防幼虾顶水逃逸。在池周设置防鼠网、灭鼠器械，防止老鼠捕食幼虾（图 3.30）。

图 3.30　老鼠是幼虾培育的天敌，一定要清除

九、龙虾苗种培育的两个关键问题

1. 苗种产量低的问题

在生产实践过程中，我们发现许多养殖户在苗种培育时，总会存在一些

问题，其中比较显著的就是苗种培育产量较低，造成这个问题的原因很多，我们归纳总结了一下，认为下面几点应该值得养殖户们重视。

一是留塘亲本数量不清，没有准确计数，有时高估，结果导致产出的苗种数量明显低于预期，建议每个上规模的养殖户有自己的亲本培育基地或每家有足够的亲本培育稻田，在培育前要做到过数入塘，准确把关。

二是留种虾规格不大、质量不好，从而导致抱卵量少，当然产出的苗种也就少。建议在挑选亲虾时，不要年年都用自己稻田里的大虾，2~3年从其他良种场或大水域更新一批亲本虾，通过不断地杂交来提高苗种性能（图3.31）。

图 3.31　不断更新的亲虾

三是由于观察不仔细或其他的管理不到位，造成子虾离开母体后没有及时培育而大量死亡。建议挑选同批抱卵的亲虾同时，在临近孵化时，一定要加强观察，做到及时培育子虾。

四是在苗种培育期间，有时池塘或稻田里的底质恶化底泥变黑（图

3.32）造成水体缺氧，结果会导致大量龙虾苗种窒息死亡。建设每 1~2 年养殖龙虾稻田要彻底清淤、曝晒、冻结一次，降低这种现象的发生几率。

图 3.32　这样的底质容易导致虾苗大量死亡

五是整个育苗的各个阶段很随意、不规范，从而导致苗种培育时的产量也很低，建议从事龙虾养殖的企业或养殖户，可以借鉴河蟹苗种培育的标准，从苗种培育池的标准化改造和清淤、亲本的选配和孵化、苗种的投喂与管理等各个方面进行标准化生产与管理。

2. 越冬问题

在龙虾的自然生长阶段，龙虾是需要越冬的，而现有一些苗种培育单位，却采取一些人为加温措施，让龙虾苗种少越冬或不越冬，这种情况确实对延长龙虾的养殖周期有好处，但是我们在生产中也发现，这种苗种第二年死亡率是比较高的，因此对龙虾苗的培育，我们也是建议适应它的生长规律，让它们进行自然越冬。

整个冬季，虾苗池保持水深 1.2~1.5 米，并在池塘四周铺设厚 2~3 厘米的稻草，或铺设水花生（图 3.33），保障虾苗安全越冬，冬季冰雪天气，及时破冰及清除积雪。翌年 2—3 月，气温回升，及时投喂，增强越冬虾苗体质，提高越冬虾苗成活率，促进虾苗快速生长；4 月后，气温稳定后，及时清除稻草，防止败坏水质。

图 3.33　冬季水花生有助于虾苗越冬

第四章
水稻与成虾连作共作精准种养

龙虾进行稻田养殖时的亩养殖效益可达 1 000 元左右,养殖龙虾具有成本低、销路宽、收益快等优点,现在我地已经广为养殖。稻虾连作共作已成为渔农民致富的重要方式之一(图4.1)。

图 4.1　稻田养殖龙虾

第一节　稻虾连作共作的基础

一、稻虾连作共作的现状

稻田养殖龙虾并不是新鲜事，在国外早就开始运用这种技术，尤其是龙虾的故乡——美国已经运用各种模式开发龙虾的养殖，稻田养殖是比较成功的一种模式。根据上海水产大学渔业学院成永旭教授介绍，美国路易斯安那州养殖龙虾，主要采取的养殖模式是，首先在田里种植水稻，等水稻成熟后放水淹没水稻，然后往稻田里投放龙虾苗，龙虾以被淹的水稻为生长的饲料（图4.2）。

图 4.2　美国稻田养虾的模式

在我国，近年来对龙虾的增养殖进行了各种模式的尝试与探索，其中利用稻田养殖龙虾已经成为最主要的养殖模式之一，虽然还处于摸索阶段，但

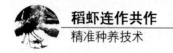

养殖技术已经日益成熟。

安徽省农业委员会渔业局于2006年适时开展了"三品三进"工程，其中一项主要的任务就是龙虾进稻田。为了实现这个目标，更好地推进龙虾进稻田的养殖，更好地为虾农提供试验示范基地，滁州市农业委员会渔业局先后组织科技力量在全椒县的赤镇和天长市进行龙虾进稻田养殖示范区的试验，取得了显著的效果，养虾的稻田一般可增加水稻产量5%～10%，同时每亩能增产龙虾80千克左右。2006年，安徽省滁州市农业委员会渔业局专门组织成立龙虾经济合作社，为我市的龙虾养殖提供示范基地，在全椒推广了千亩稻田连作示范区。在龙虾稻虾连作共作精准种养方面，安徽滁州的全椒的模式值得推广，取得的效果非常显著，因此被省内外有关专家称为"全椒模式"或"安徽模式"（图4.3和图4.4）。合肥、六安、安庆等地区也有不少养殖户利用低洼稻田及荒水进行龙虾养殖。现在龙虾稻田养殖在江淮两岸已呈星火燎原之势，大有赶超中华绒螯蟹的态势。

图4.3　滁州市全椒县的连片稻田养虾

图 4.4　滁州的龙虾在稻田生长良好

由于龙虾对水质和饲养场地的条件要求不高，加之我国许多地区都有稻田养鱼的传统，在养鱼效益下降的情况下，推广稻田养殖龙虾可为稻田除草、除害虫、少施化肥、少喷农药。有些地区还可在稻田采取种稻和龙虾轮作的模式，特别是那些只能种植一季的低洼田、冷浸田，采取种稻和龙虾轮作的模式，经济效益很可观。在不影响种稻产量的情况下，每亩可出产龙虾 100～130 千克。

二、稻虾连作共作的原理

在稻田里养殖龙虾，是利用稻田的浅水环境，辅以人为措施，既种稻又养虾，以提高稻田单位面积效益的一种生产形式。

稻田养殖龙虾共生原理的内涵就是以废补缺、互利助生、化害为利，在稻田养虾实践中，人们称为"稻田养虾，虾养稻"。稻田是一个人为控制的生态系统，稻田养鱼，促进稻田生态系中能量和物质的良性循环，使其生态系统又有了新的变化。稻田中的杂草、虫子、稻脚叶、底栖生物和浮游生物对水稻来说不但是废物，而且都是争肥的，如果在稻田里放养鱼类，特别是像龙虾这一类杂食性的虾类，不仅可以利用这些生物作为饵料，促进虾的生

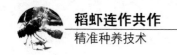

长，消除了争肥对象，而且虾的粪便还为水稻提供了优质肥料。另外，龙虾在田间栖息，游动觅食，疏松了土壤，破碎了土表"着生藻类"和氮化层的封固，有效地改善了土壤通气条件，又加速肥料的分解，促进了稻谷生长，从而达到鱼稻双丰收的目的。同时龙虾在水稻田中还有除草保肥作用和灭虫增肥作用。

稻田是一个综合生态体系，在水稻种植过程中，要向稻田施肥、灌水等生产管理，但是稻田许多营养却被与水稻共生的动、植物等所猎取，造成水肥的浪费；在稻田生态体系中放进鱼、虾后，整个体系就发生了变化，因为鱼、虾几乎可以清除在稻田中消耗养分的所有生物群落，起到生态体系的"截流"作用。这样便减少了稻田肥分的损失和敌害的侵蚀，促进水稻生长，又将废物转换成有经济价值的食用鱼、虾。稻田养虾是综合利用水稻、龙虾的生态特点达到稻虾共生、相互利用，从而使稻虾双丰收目的的一种高效立体生态农业，是动植物生产有机结合的典范，是农村种养殖立体开发的有效途径，其经济效益是单作水稻的 1.5~3 倍（图 4.5）。

图 4.5　稻虾共生是高效生态养殖模式

三、稻虾连作共作的特点

1. 立体种养殖的模范

在同一块稻田中既能种稻也能养虾，把植物和动物、种植业和养殖业有机结合起来，更好地保持农田生态系统物质和能量的良性循环，实现稻虾双丰收。龙虾的粪便，可以使土壤增肥、减少化肥的施用。根据我们"全椒模式"的试验，免耕稻田养虾技术基本不用药，每亩化肥施用量仅为正常种植水稻的1/5左右（图4.6）。

图 4.6 全椒模式的稻虾共生

2. 环境特殊

稻田属于浅水环境，浅水期仅7厘米水，深水时也不过20厘米左右，因而水温变化较大，因此为了保持水温的相对稳定，鱼沟、鱼溜等田间设施是

必须要做的工程之一（图4.7）。另一个特点就是水中溶解氧充足，经常保持在4.5～5.5毫克/升，且水经常流动交换，放养密度又低，所以虾病较少。

图4.7　水浅是稻田养虾的特殊环境之一

3. 养虾新思路

稻田养殖龙虾的模式为淡水养殖增加了新的水域，它不需要占用现有养殖水面就可以充分利用稻田的空间和时间来达到增产增效的目的，开辟了养虾生产的新途径和新的养殖水域。

4. 保护生态环境，有利改良农村环境卫生

在稻田养殖龙虾的生产实践中发现，采用低割水稻头技术，以及龙虾的活动，基本上能控制田间杂草的生长，可以不使用化学除草剂；稻田养殖龙虾后，利用龙虾喜食并消灭绝大部分的蚊子幼虫、有害浮游生物、水稻害虫的特点，可以基本上不用或少用农药，而且使用的农药也是低毒的，否则龙

虾也无法生活，因此稻田里及附近的摇蚊幼虫密度明显降低，最多可下降50%左右，成蚊密度也会下降15%左右，有利于提高人们的健康水平。

5. 增加收入

由稻田养殖龙虾的实验结果表明，利用稻田养殖龙虾，可以改善稻田的生态条件，使水稻有效穗和结实率提高，稻田的平均产量不但没有下降，还会提高约10%～20%，同时每亩地还能收获相当数量的成虾，相对地降低了农业成本，增加了农民的实际收入。

四、养虾稻田的生态条件

养虾稻田为了夺取高产，获得稻虾双丰收，需要一定的生态条件做保证，根据稻田养虾的原理，我们认为养鱼的稻田应具备以下几条生态条件：

1. 水温要适宜

稻田水浅，一般水温受气温影响甚大，有昼夜和季节变化，因此稻田里的水温比池塘的水温更易受环境的影响，另一方面龙虾是变温动物，它的新陈代谢强度直接受水温的影响，所以稻田水温将直接影响稻禾的生长和龙虾的生长。为了获取稻虾双丰收，必须为它们提供合适的水温条件。

2. 光照要充足

光照不但是水稻和稻田中一些植物进行光合作用的能量来源，也是龙虾生长发育所必需的，可以这样说，光照条件直接影响稻谷产量和龙虾的产量。每年的6—7月，秧苗很小，阳光可直接照射到田面上，促使稻田水温升高，浮游生物迅速繁殖，为龙虾生长提供了饵料（图4.8）。水稻生长至中后期时，也是温度最高的季节，此时稻禾茂密，正好可以用来为龙虾遮阴、蜕壳、

躲藏，有利于龙虾的生长发育。

图 4.8　充足的光照是稻田养殖龙虾的优势

3. 水源要充足

水稻在生长期间离不开水，而龙虾的生长更是离不开水，为了保持新鲜的水质，水源的供应一定要及时充足。一是将养虾稻田选择在不能断流的小河小溪旁（图 4.9）；二是可以在稻田旁边人工挖掘机井，可随时充水（图4.10）；三是将稻田选择在池塘边，利用池塘水来保证水源（图 4.11）。

如果水源不充足或等不到保障，那是万万不可养虾的（图 4.12）。

4. 溶氧要充分

稻田水中溶解氧的来源主要是大气中的氧气溶入，水稻和各种水草（图4.13）及一些浮游植物的光合作用，因而氧气是非常充分的。研究表明，水体中的溶氧越高，龙虾摄食量就越多，生长也越快。因此长时间地维持稻田养鱼水体较高的溶氧量，可以增加龙虾的产量。

图 4.9　小溪小河是稻田养虾的水源保证

图 4.10　机井是人工补水的措施之一

　　要使稻田养殖龙虾的稻田能长时间保持较高的溶氧量，一是适当加大养虾水体，主要技术措施是通过挖鱼沟、鱼溜和环沟来实现；二是尽可能地创造条件，保持微流水环境；三是经常换冲水；四是及时清除田中龙虾未吃完

图 4.11　池塘的水源也是必不可少的

图 4.12　这种没有水源保障的稻田是不适宜养龙虾的

的剩饵和其他生物尸体等有机物质，减少因它们腐败而导致水质的恶化。

图 4.13　各种水草丰盛，光合作用提供大量氧气

5. 天然饵料要丰富

一般稻田由于水浅，温度高，光照充足，溶氧量高，适宜于水生植物生长，植物的有机碎屑又为底栖生物、水生昆虫和昆虫幼虫繁殖生长创造了条件，从而为稻田中的龙虾提供较为丰富的天然饵料，有利于龙虾的生长（图4.14）。

图 4.14　适合龙虾生长的稻田，天然饵料要丰富

五、稻虾连作共作的类型

根据生产的需要和各地的经验，稻田养龙虾的模式可以归类为三种类型：

1. 稻虾兼作型

边种稻边养鱼，稻鱼两不误，力争双丰收，在兼作中有单季稻养虾和双季稻田中养虾的区别。单季稻养虾，顾名思义就是在一季稻田中养龙虾，这种养殖模式主要在江苏、四川、贵州、浙江和安徽等地，单季稻主要是中稻田，也有用早稻田养殖龙虾的。双季稻养虾，就是在同一稻田连种两季水稻，虾也在这两季稻田中连养，不需转养，双季稻就是用早稻和晚稻连种，这样可以有效利用一早一晚的光合作用，促进稻谷成熟，广东、广西、湖南、湖北等省（区）利用双季稻田养龙虾的较多（图 4.15）。

图 4.15 稻虾兼作

2. 稻虾轮作型

就是种一季水稻，然后接着养一茬龙虾的模式，做到动植物双方轮流种养殖，稻田种早稻时不养龙虾，在早稻收割后立即加高田埂养龙虾而不种稻。这种模式在广东、广西等地推广较快，它的优点是利用本地光照时间长的优点，当早稻收割后，可以加深水位，人为形成一个个深浅适宜的"稻田型池塘"，这样养虾时间较长，龙虾产量较高，经济效益非常好（图4.16）。

3. 稻虾间作型

这种方式利用较少，主要是在华南地区采用，就是利用稻田栽秧前的间隙培育龙虾，然后将龙虾起捕出售，稻田单独用来栽晚稻或中稻。

图 4.16　稻虾轮作

第二节　科学选址

良好的稻田条件是获得高产、优质、高效的关键之一。稻田是龙虾的生活场所，是它们栖息、生长、繁殖的环境，许多增产措施都是通过稻田水环境作用于龙虾，故稻田环境条件的优劣，对龙虾的生存、生长和发育，有着密切的关系，良好的环境不仅直接关系到龙虾产量的高低，对于生产者，还能够获得较高的经济效益，同时对长久的发展有着深远的影响。

总的来说，养龙虾的稻田在选择地址时，应本着以下原则：既不能受到污染，同时又不能污染环境，还要方便生产经营、交通便利且具备良好的疾病防治条件。在场址的选择上重点要考虑以下几个方面：稻田位置、面积、地势、土质、水源、水深、防疫、交通、电源、稻田形状、周围环境、排污与环保等，只有诸多方面统筹考虑，周密计划，事先勘察，才能选好场址。

在可能的条件下，应采取措施，改造稻田，创造适宜的环境条件以提高稻田龙虾产量（图4.17）。

图4.17　选好稻田

一、规划要求

养虾稻田要有一定的环境条件才行，不是所有的稻田都能养虾，一般的环境条件主要有以下几种。

1. 面积

面积少则十几亩，多则几十亩、上百亩都可，面积大比面积小更好。达到一定规模的连片稻田更好（图4.18）。

2. 自然条件

在规划设计时，要充分勘查了解规划建设区的地形、水利等条件，有条件的地区可以充分考虑利用地势自流进排水，以节约动力提水所增加的电力

图 4.18　连片的稻田最好达到一定规模

成本。同时还应考虑洪涝、台风等灾害因素的影响，对连片稻田的进排水渠道、田埂、房屋等建筑物应注意考虑排涝、防风等问题。

3. 水源、水质条件

水源是龙虾养殖的先决条件之一。在选水源的时候，首先供水量一定要充足，不能缺水，包括龙虾养殖用水、水稻生长用水以及工人生活用水，确保雨季水多不漫田、旱季水少不干涸、排灌方便、无有毒污水和低温冷浸水流入；其次是水源不能有污染，水质良好，要符合饮用水标准。在养殖之前，一定要先观察养殖场周边的环境，不要建在化工厂附近，也不要建在有工业污水注入区附近（图 4.19）。

水源分为地面水源和地下水源，无论是采用哪种水源，一般应选择在水量丰足、水质良好的水稻生产区进行养殖。如果采用河水或水库水等地表水作为养殖水源，要考虑设置防止野生鱼类进入的设施，以及周边水环境污染可能带来的影响，还要考虑水的质量，一般要经严格消毒以后才能使用。如果没有自来水水源，则应考虑打深井取水等地下水作为水源，因为在 8～10

米的深处，细菌和有机物相对较少。要考虑供水量是否满足养殖需求，一般要求在10天左右能够把稻田注满且能循环用水一遍，因此要求农田水利工程设施要配套，有一定的灌排条件。

图4.19　水源要有保障

二、土壤、土质

稻田的土壤与水直接接触，对水质的影响很大。在养殖前，要充分调查了解当地的地质、土壤、土质状况，一是要求场地土壤以往未被传染病或寄生虫病原体污染过，二是具有较好的保水、保肥、保温能力，还要有利于浮游生物的培育和增殖，不同的土壤和土质对龙虾养殖的建设成本和养殖效果影响很大。

根据生产的经验，饲养龙虾稻田的土质要肥沃，以壤土最好，黏土次之，沙土最劣。由于黏性土壤的保持力强，保水力也强，渗漏力小，因此这种稻田是可以用来养虾的（图4.20）。沙质土或含腐殖质较多的土壤，保水力差，在进行田间工程尤其是做田埂时容易渗漏、崩塌，不宜选用。含铁质过多的赤褐色土壤，浸水后会不断释放出赤色浸出物，这是土壤释放出的铁和铝，而铁和铝会将磷酸和其他藻类必需的营养盐结合起来，使藻类无法利用，也

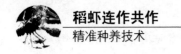
使施肥无效，水肥不起来，对龙虾生长不利，也不适宜选用。如果表土性状良好，而底土呈酸性，在挖土时，则尽量不要触动底土。底质的 pH 值也是考虑的一个重要因素，pH 值低于 5 或高于 9.5 的土壤地区不适宜养殖龙虾。

图 4.20 适宜养虾的土质

三、交通运输条件

交通便利主要是考虑运输的方便，如饲料的运输、养殖设备材料的运输、虾种及成虾的运输等。如果养殖龙虾的稻田的位置太偏僻，交通不便不仅不利于养殖户自己的运输，还会影响客户的来往。另外养殖龙虾的稻田最好是靠近饲料的来源地区，尤其是天然动物性饲料来源地一定要优先考虑。

第三节　田间工程建设

一、开挖虾沟

这是科学养虾的重要技术措施，稻田因水位较浅，夏季高温对龙虾的影响较大，因此必须在稻田四周开挖环形沟（图4.21和图4.22）。在保证水稻不减产的前提下，应尽可能地扩大虾沟和虾溜面积，最大限度地满足龙虾的生长需求。虾沟、虾溜的开挖面积一般不超过稻田的8%，面积较大的稻田，还应开挖"田"字型或"川"字型或"井"字型的田间沟（图4.23），但面积宜控制在12%左右。环形沟距田间1.5米左右，环形沟上口宽3米，下口宽0.8米；田间沟沟宽1.5米，深0.5~0.8米。虾沟既可防止水田干涸和作为烤稻田、施追肥、喷农药时龙虾的退避处，也是夏季高温时龙虾栖息隐蔽遮阴的场所。

虾沟的位置、形状、数量、大小应根据稻田的自然地形和稻田面积的大小来确定。一般来说，面积比较小的稻田，只需在田头四周开挖一条虾沟即可；面积比较大的稻田，可每间隔50米左右在稻田中央多开挖几条虾沟，当然周边沟较宽些，田中沟可以窄些。

图4.21 正在开挖虾沟

图 4.22 这样的环沟是必要的

图 4.23 稻田中间的虾沟是必不可少的

二、加高加固田埂

为了保证养虾稻田达到一定的水位，防止田埂渗漏，增加龙虾活动的立体空间，利于龙虾的养殖，提高养殖产量，就必须加高、加宽、加固田埂，可将开挖环形沟的泥土垒在田埂上并夯实，确保田埂高达 1.0 ~ 1.2 米，宽 1.2 ~ 1.5 米，并打紧夯实，要求做到不裂、不漏、不垮，在满水时不能崩塌跑虾。如果条件许可，可以在防逃网的内侧种植一些黑麦草、南瓜、黄豆等植物，既可以为周边沟遮阳，又可利用其根系达到护坡的目的（图 4.24 和图 4.25）。

图 4.24　田埂要加固

图 4.25　加固后且安装防逃网的田埂

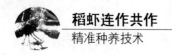

三、修建田中小埂

为了给龙虾的生长提供更多空间，经过实践认为，在田中央开挖虾沟的同时，要多修建几条田间小埂（图4.26和图4.27）。

图4.26　稻田中的田间埂

图4.27　稻田中间要多做几条供虾打洞的小埂

四、进排水系统

龙虾养殖的进排水系统是非常重要的组成部分，进排水系统规划建设的好坏直接影响到龙虾养殖的生产效果和经济效益。稻田养殖的进排水渠道一般是利用稻田四周的沟渠建设而成，对于大面积连片养殖稻田的进排水总渠，在规划建设时应做到进排水渠道独立，严禁进排水交叉污染，防止虾病传播。设计规划连片稻田进排水系统时还应充分考虑稻田养殖区的具体地形条件，尽可能采取一级动力取水或排水，合理利用地势条件设计进排水自流形式，降低养殖成本。可采取按照高灌低排的格局，建好进排水渠，做到灌得进，排得出，定期对进、排水总渠进行整修消毒。稻田的进排水口应用双层密网防逃，同时也能有效地防止蛙卵、野杂鱼卵及幼体进入稻田危害蜕壳虾；为了防止夏天雨季冲毁田埂，可以开设一个溢水口，溢水口也用双层密网过滤，防止龙虾趁机顶水逃走（图4.28）。

图4.28　稻田的溢水口

五、防逃设施要到位

从一些地方的经验来看，有许多自发性农户在稻田养殖龙虾时并没有在

田埂上建设专门的防逃设施，但产量并没有降低，所以有人认为在稻田中可以不要防逃设施，这种观点是有失偏颇的。经过我们和相关专家分析：一方面是因为在稻田中采取了稻草还田或稻桩较高的技术，为龙虾提供了非常好的隐蔽场所和丰富的饵料；另一方面与我们的放养数量有很大的关系，在密度和产量不高的情况下，龙虾互相之间的竞争压力不大，没有必要逃跑；第三个方面就是大家都没有做防逃设施，龙虾的逃跑呈放射性的，由于龙虾跑进跑出的机会是相等的，所以大家没有感觉到产量降低。所以我们认为，如果要进行高密度的养殖，要取得高产量和高效益，还是很有必要在田埂上建设防逃设施。

防逃设施有多种，常用的有两种：一是安插高 55 厘米的硬质钙塑板作为防逃板，埋入田埂泥土中约 15 厘米，每隔 75～100 厘米处用一木桩固定。注意四角应做成弧形，防止龙虾沿夹角攀爬外逃（图 4.29 至图 4.31）；第二种防逃设施是采用麻布网片或尼龙网片或有机纱窗和硬质塑料薄膜共同防逃，在易涝的低洼稻田主要以这种方式防逃，用高 1.2～1.5 米的密网围在稻田四周，用高 50 厘米的有机纱窗围在田埂四周，用质量好的直径为 4～5 毫米的聚乙烯绳作为上纲，缝在网布的上缘，缝制时纲绳必须拉紧，针线从钢绳中穿过。然后选取长度为 1.5～1.8 米的木桩或毛竹，削掉毛刺，打入泥土中的一端削成锥形，或锯成斜口，沿田埂将桩打入土中 50～60 厘米，桩间距 3 米左右，并使桩与桩之间呈直线排列，稻田的拐角处呈圆弧形。将网的上纲固定在木桩上，使网高保持不低于 40 厘米，然后在网上部距顶端 10 厘米处再缝上一条宽 25 厘米的硬质塑料薄膜即可。

其他的防逃设施还有几种，例如用竹箔上加盖网防逃、加高田埂围墙防逃、用石壁或水泥板壁防逃、用玻璃、石棉瓦、玻璃纤维板防逃等，各地的养殖户都可以根据当地的材料而科学选用。

为了检验防逃的可靠性，我们还在连片养虾田的外侧修建一条田头沟或

图 4.29　用钙塑板做成的防逃网

图 4.30　建防逃网时,在四角要建成弧形

者防逃沟,它既是进水渠,又是检验防逃效果的一道屏障(图 4.32 和图 4.33)。

图 4.31 在装防逃设施前不能放虾

图 4.32 田头沟用于检查防逃性能和捕捞野生龙虾的虾箪

图 4.33　防逃沟

第四节　放养前的准备工作

一、稻田清整

稻田是龙虾生活的地方，稻田的环境条件直接影响到龙虾的生长、发育，可以这样说，稻田清整是改善龙虾养殖环境条件的一项重要工作。

对稻田进行清整，从养殖的角度上来看，有六个好处：

1. 提高水体溶解氧

稻田经一年的养殖后，环沟底部沉积了大量淤泥，一般每年沉积 10 厘米左右。如果不及时清整，淤泥越积越厚，稻田环沟里的淤泥过多，水中有机质也多，大量的有机质经细菌作用氧化分解，消耗大量溶氧，使稻田下层水

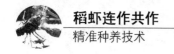

处于缺氧状态。在田间沟清整时把过量的淤泥清理出去，就人为地减轻了稻田底泥的有机耗氧量，提高了水体的溶解氧（图4.34）。

图4.34　稻田清整

2. 减少龙虾患病的机会

淤泥里存在各种病菌，另外淤泥过多也易使水质变坏，水体酸性增加，病菌易大量繁殖，使龙虾抵抗力减弱。通过清整田间沟能杀灭水中和底泥中的各种病原菌、细菌、寄生虫等，减少龙虾疾病的发生几率。

3. 杀灭有害物质

通过对稻田田间沟的清淤，可以杀灭对龙虾尤其是幼虾的有害生物如蛇、鼠和水生昆虫，吞食软壳虾的野杂鱼类如鲶鱼、乌鳢等及一些致病菌。

4. 起到加固田埂的作用

养殖时间长的稻田，有的田埂在龙虾经常性打洞而被掏空，有的田埂出现崩塌现象。在清整环沟的同时，可以将底部的淤泥挖起放在田埂上，拍打紧实，可以加固田埂。

5. 增大了蓄水量

当沉积在环沟底部的淤泥得到清整后，环沟的容积就扩大了一些，水深也增加了，稻田的蓄水量也就增加了（图4.35）。

图4.35　稻田清整后有利于蓄水量的增加

二、稻田消毒

稻田环沟的消毒至关重要，类似于建房打基础，地基打得扎实，高楼才能安全稳固，否则，就有可能酿成"豆腐渣"工程的悲剧。养龙虾也一样，基础细节做得不扎实，就会增加养殖风险，甚至酿成严重亏本的后果。消毒的目的是为消除养殖隐患，是健康养殖的基础工作，对种苗的成活率和生长健康起着关键性的作用。消毒的药物选择和使用方法如下：

1. 生石灰消毒

生石灰也就是我们所说的石灰膏（图 4.36），是砌房造屋的必备原料之一，它的来源非常广泛，几乎所有的地方都有，而且价格低廉。目前国内外公认的最好"消毒剂"仍然是石灰，既具有水质改良作用，又具一定的杀菌消毒功效，而且价廉物美，也是目前能用于消毒最有效的方法。它的缺点就是用量较大，使用时占用的劳动力较多，而且生石灰有严重的腐蚀性，操作不慎，会对人的皮肤等造成一定伤害，因此在使用时要小心操作。

图 4.36　用于稻田消毒的生石灰

（1）干法消毒

生石灰消毒可分干法消毒和带水消毒两种方法，通常都是使用干法消毒（图 4.37），只有在水源不方便或无法排干水的稻田才用带水消毒法。

在虾种放养前 20～30 天，排干环沟里的水，保留水深 5 厘米左右，在环沟底中间选好点，一般每隔 15 米选一个点，挖成一个小坑，小坑的面积约 1 平方米即可，将生石灰倒入小坑内，用量为每亩环沟用生石灰 40 千克左右，加水后生石灰会立即溶化成石灰浆水，同时会放出大量的烟气，这时要趁热向四周均匀泼洒，边缘和环沟中心以及洞穴都要洒遍到。为了提高消毒效果，最好将稻田的中间也用石灰水泼洒一下，再经 3~5 天曝晒后，灌入新水，经试水确认无毒后，就可以投放虾种。

图 4.37　生石灰干法消毒

（2）带水消毒

对于那些排水不方便或者是为了抢农时，可采用带水消毒的方法（图 4.38）。这种消毒措施速度快、效果也好，缺点是石灰用量较多。

虾投放前 15 天，每亩水面水深 100 厘米时（这时不仅仅是环沟了，因为 100 厘米的水深时，整个稻田都进水了，这时在计算石灰用量时，必须计算所有有水的稻田区域），用生石灰 150 千克溶于水中后，即将生石灰放入大木盆、小木船、塑料桶等容器中化开成石灰浆，操作人员穿防水裤下水，将石灰浆全田均匀泼洒（包括田埂），用带水法消毒虽然工作量大，效果很好，可以把石灰水直接灌进田埂边的鼠洞、蛇洞、泥鳅和鳝洞里，能彻底地杀死病害。

图 4.38　生石灰带水消毒后的田间沟

（3）测试余毒

测试水体中是否有毒性，这在水产养殖中是经常应用的一项小技巧。

测试的方法是在消毒后的田间沟里放一只小网箱，在预计毒性已经消失的时间，向小网箱中放入 40 只龙虾，如果一天（即 24 小时）内，网箱里的龙虾既没有死亡也没有任何其他的不适反应，那就说明生石灰的毒性已经全部消失，这时就可以大量放养龙虾了。如果 24 小时内仍然有测试的龙虾死亡，那就说明毒性还没有完全消失，这时可以再次换水 1/3 ~ 1/2，然后再过 1 ~ 2 天再测试，直到完全安全后才能放养龙虾。后文的药剂消毒性能的测试方法是一样的。

2. 漂白粉消毒

（1）带水消毒

和生石灰消毒一样，漂白粉消毒也有干法消毒和带水消毒两种方式。使用漂白粉要根据稻田或环沟内水量的多少决定用量，防止用量过大把稻田里的螺蛳杀死。

用漂白粉带水消毒时，要求水深 0.5 ~ 1 米，漂白粉的用量为 10 ~ 15 千克/亩，先用木桶或瓷盆内加水将漂白粉完全溶化后，全稻田均匀泼洒，也可将漂白粉顺风撒入水中即可，然后划动田间沟里的水，使药物分布均匀，一般用漂白粉清整消毒后 3 ~ 5 天即可注入新水和施肥，再过两三天后，就可投放龙虾进行饲养。

（2）干法消毒

在漂白粉消毒时，用量为 5 ~ 10 千克/亩，使用时先用木桶加水将漂白粉完全溶化后，全田均匀泼洒即可。

3. 生石灰、漂白粉交替消毒

有时为了提高效果，降低成本，采用生石灰、漂白粉交替消毒的方法，比单独使用漂白粉或生石灰消毒效果好。也分为带水消毒和干法消毒两种：带水消毒，田间沟的水深 1 米时，每亩用生石灰 60 ~ 75 千克加漂白粉 5 ~ 7 千克；干法消毒，水深在 10 厘米左右，每亩用生石灰 30 ~ 35 千克加漂白粉 2 ~ 3 千克，化水后趁热全田泼洒。使用方法与前面两种相同，7 天后即可放龙虾苗种，效果比单用一种药物更好（图 4.39）。

4. 漂白精消毒

干法消毒时，可排干田间沟的水，每亩用有效氯占 60% ~ 70% 的漂白精 2 ~ 2.5 千克。

带水消毒时，每亩每米水深用有效氯占 60% ~ 70% 的漂白精 6 ~ 7 千克，使用时，先将漂白精放入木盆或搪瓷盆内，加水稀释后进行全田均匀遍洒（图 4.40）。

图 4.39　用漂白粉和生石灰交替消毒

图 4.40　刚用漂白精消毒的老稻田

5. 茶粕消毒

水深 1 米时，每亩用茶粕 25 千克。将茶粕捣碎成小块，放入容器中加热水浸泡一昼夜，然后加水稀释连渣带汁全田均匀泼洒。在消毒 10 天后，毒性基本上消失，可以投放幼虾进行养殖。

6. 生石灰和茶碱混合消毒

此法适合稻田进水后用，把生石灰和茶碱放进水中溶解后，全田泼洒，每亩用生石灰 50 千克、茶碱 10～15 千克。

7. 鱼藤酮消毒

使用含量为 7.5% 的鱼藤酮原液，水深 1 米时，每亩使用 700 毫升，加水稀释后装入喷雾器中全田喷洒。能杀灭几乎所有的敌害鱼类和部分水生昆虫，对浮游生物、致病细菌和寄生虫没有作用。效果比前几种药物差一些，毒性 7 天左右消失，这时就可以投放幼虾了。

8. 巴豆消毒

在水深 10 厘米时，每亩用巴豆 5～7 千克。将巴豆捣碎磨细装入罐中，也可以浸水磨碎成糊状装进酒坛，加烧酒 100 克或用 3 的食盐水密封浸泡 2～3 天，用稻田里的水将巴豆稀释后连渣带汁全田均匀泼洒。10～15 天后，再注水 1 米深，待药性彻底消失后放养幼虾。

9. 氨水消毒

使用方法是在水深 10 厘米时，每亩用氨水 60 千克。在使用时要同时加三倍左右的沟泥，目的是减少氨水的挥发，防止药性消失过快。一般是在使用一周后药性基本消失，这时就可以放养幼虾了。

10. 二氧化氯消毒

先引入水源后再用二氧化氯消毒，在水深 1 米时，用量为 10～20 千克/

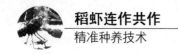

苗，7~10天后放苗，该方法能有效杀死浮游生物、野杂鱼虾类等，防止蓝绿藻大量滋生，放苗之前一定要试水，确定安全后才可放苗。

三、解毒处理

1. 降解残毒

在运用各种药物对水体进行消毒、杀死病原菌、除去杂鱼后，稻田里会有各种毒性物质存在，这里必须先对水体进行解毒后方可用于龙虾养殖。

解毒的目的就是降解消毒药品的残毒以及重金属、亚硝酸盐、硫化氢、氨氮、甲烷和其他有害物质的毒性，可在消毒除杂的5天后泼洒卓越净水王或解毒超爽或其他有效的解毒药剂。

2. 防毒排毒

防毒排毒是指定期有效地预防和消除养殖过程中出现或可能出现的各种毒害，如重金属中毒、消毒杀虫灭藻药中毒、亚硝酸盐中毒、硫化氢中毒、氨中毒、饲料霉变中毒、藻类中毒等。尤其重金属对龙虾养殖的危害，我们必须有清醒的认识。

常见的重金属离子有铅、汞、铜、镉、锰、铬、砷、铝、锑等，重金属的来源主要有两方面：第一是来自于所抽的地下水，本身重金属超标；第二是自我污染，也就是说在养殖过程中滥用各种吸附型水质和底质改良剂等，从而导致重金属离子超标。尤其是在养殖中后期，沟底的有机物随着投饵量和龙虾粪便以及动植物尸体的不断增多，底质环境非常脆弱，受气候、溶氧、有害微生物的影响，容易产生氨氮、硫化氢、亚硝酸盐、甲烷、重金属等有毒物质，其中有些有毒成分可以检出，有的受条件限制无法检出，比如重金属和甲烷。还有一种自我污染的途径就是由于管理的疏忽，对沟底的有机物没有及时有效的处理，造成水质富营养化，产生水华和蓝藻。那些老化及死亡的藻类，以及泼洒消毒药后投喂的饵料都携带着有毒成分，且容易被龙虾误食，从而造成龙虾中毒。

重金属超标会严重损害龙虾的神经系统、造血系统、呼吸系统和排泄系统，从而引发神经功能紊乱、代谢失常、肝胰腺坏死、肝脏肿大、败血、黑鳃、烂鳃、停止生长等症状。

因此，我们在龙虾的日常管理工作中就要做好防毒解毒工作，从而消除养殖的健康隐患。

首先是对外来的养殖水源要加强监管，努力做到不使用污染水源；其次是在使用自备井水时，要做好曝晒的工作和及时用药物解毒的工作；再次就是在养殖过程中不滥用药物，减少自我污染的可能性。高密度养殖的稻田环境复杂而脆弱，潜伏着致病源的隐患随时都威胁着龙虾的健康养殖，因此中后期的定期解毒排毒是很有必要的（图4.41）。

图4.41　解毒处理后的虾沟

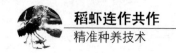
四、清除稻田隐患的技术

1. 培植有益微生物种群

培植有益微生物种群，不仅能抑制病原微生物的生长繁殖，消除健康养殖隐患，还可将沟底有机物和生物尸体通过生物降解转化成藻类、水草所需的营养盐类，为肥水培藻、强壮水草奠定良好的基础。在解毒 3～5 小时后，就可以采用有益微生物制剂如水底双改、底改灵、底改王等药物按使用说明全田泼洒，目的是快速培植有益微生物种群，用来分解消毒杀死的各种生物尸体，避免二次污染，消除病原隐患。

如果不用有益微生物对消毒杀死的生物尸体进行彻底的分解或消解的话，那就说明消毒不彻底。这样的危害就是那些具有抗体的病原微生物待消毒药效过期后就会复活，而且它们会在复活后利用残留的生物尸体作为培养基大量繁殖。而病原微生物复活的时间恰好是龙虾蜕壳最频繁的时期，蜕壳时的龙虾活力弱，免疫力低下，抗病能力差，病原微生物极易侵入虾体，容易引发病害。所以，我们必须在用药后及时解毒和培育有益微生物的种群。

2. 防应激、抗应激

防应激、抗应激，无论是对水草、藻类和龙虾都很重要。如果水草、藻相应激而死亡，那么水环境就会发生变化，直接导致龙虾马上会连带发生应激反应。可以这样说，大多数的龙虾病害是因应激反应才导致龙虾活力减弱，病原体侵入龙虾体内而引发的。

水草、藻相的应激反应主要是受气候、用药、环境变化（如温差、台风天、低气压、强降雨、阴雨天、风向变化、夏季长时间水温高、泼洒刺激性较强的药物、底质腐败等因素）的影响而发生。为防止气候变化引起应激反应，应养成关注天气气象信息的好习惯，提前听气候预报预知未来3天的天气情况。当出现闷热无风、阴雨连绵、台风暴雨、风向不定、雨后初晴、持续高温等恶劣天气和水质泥浊等不良水质时，不宜过量使用微生物制剂或微生物底改调水改底，更不宜使用消毒药；同时，应酌情减料投喂或停喂，否则会刺激龙虾产生强应激反应，从而导致恶性病害发生，造成严重后果。

3. 做好补钙工作

在稻田养殖龙虾过程中，有一项工作常常被养殖户忽视，但却是养殖龙虾成功与否的不可忽视的关键工作，这项工作就是补钙（图4.42）。

（1）水草、藻类生长需要吸收钙元素

钙是植物细胞壁的重要组成成分，如果稻田中缺钙，就会限制稻田里的水草和藻类的繁殖。我们在放苗前肥水时，常常会发现有肥水困难或水草老化、腐败现象，其中一个重要的原因就是水中缺钙元素，导致藻类、水草难以生长繁殖。因此肥水前或肥水时需要先对稻田里的水进行补钙，最好是补充活性钙，以促进藻类、水草快速吸收转化，达到"肥、活、嫩、爽"的效果。

（2）养殖用水要求有合适的硬度和合适的总碱度，因此水质和底质的养护和改良也需要补钙

养殖用水的钙、镁含量合适，除了可以稳定水质和底质的pH值，增强水的缓冲能力，还能在一定程度上降低重金属的毒性，并能促进有益微生物的生长繁殖，加快有机物的分解矿化，从而加速植物营养物质的循环再生，对抢救倒藻、增强水草生命力、修复水色及调理和改善各种危险水色、底质，效果显著。

（3）龙虾的整个生长过程都需要补钙

首先是龙虾的生长发育离不开钙。钙是动物骨骼、甲壳的重要组成部分，

对蛋白质的合成与代谢，碳水化合物的转化、细胞的通透性、染色体的结构与功能等均有重要影响。

其次是龙虾的生长离不开钙。龙虾的生长要通过不断的蜕壳和硬壳来完成，因此需要从水体和饲料中吸收大量的钙来满足生长需要，集约化的养殖方式又常使水体中矿物质盐的含量严重不足。而钙、磷吸收不足又会导致龙虾的甲壳不能正常硬化，形成软壳病或者蜕壳不遂，生长速度减慢，严重影响龙虾的正常生长。因此为了确保龙虾的生长发育正常和蜕壳的顺利进行，需要及时补钙。可以说，补钙固壳、增强抗应激能力，是加固防御病毒侵入而影响健康养殖的防火墙。

图 4.42　用生石灰对环沟泼洒进行补钙

4. 采用生物培植氧源

生产实验表明，在稻虾连作共生时，由于环沟内种植了大量的水草，田畦上又有秧苗，加上人为进行肥水培藻的作用，因此稻田里水体中 80% 以上的溶解氧都是水草、秧苗、藻类产生的，因此培育优良的水草和藻相，就是培植氧源的根本做法（图 4.43）。

如何利用生物来培植氧源呢？最主要的技巧就是加强对水质的调控管理，

适时适当使用合适的肥料培育水草和稳定藻相。一是在放养虾种的时候，注重"肥水培藻，保健养种"的做法；二是在养殖的中后期的时候注意强壮、修复水草，防止水草根部腐烂、霉变；三是在巡查稻田的时候，加强观察，观察的内容包括龙虾的健康情况，同时也应该观察水草和藻相是否正常，水体中的悬浮颗粒是否过多，藻类是不是有益的藻类，是否有泡沫，水质是不是发粘且有腥臭味，水色浓绿、泡沫稀少，藻相是否经久不变等，一旦发现问题，都必须及时采取相应的措施进行处理。可以这样说，保护健康的水草和藻相，就是保护稻田氧源的安全，确保养虾成功。

图 4.43　利用生物来培植氧源

第五节　龙虾放养

一、放养准备

放虾前 10～15 天，清理环形虾沟和田间沟，除去浮土，修正垮塌的沟壁（图 4.44），每亩稻田环形虾沟用生石灰 20～50 千克，或选用其他药物，对

环形虾沟和田间沟进行彻底清沟消毒，杀灭野杂鱼类，敌害生物和致病菌。

　　培肥水体，调节水质，为了保证龙虾有充足的活饵供取食，可在放种苗前一个星期施有机肥，稻田中注水 30～50 厘米，在沟中每亩施放禽畜粪肥800～1 000 千克，以培肥水质，常用的有干鸡粪、猪粪，并及时调节水质，确保养虾水质保持"肥、活、嫩、爽、清"的要求。

图 4.44　清理环形虾沟

二、移栽水生植物

　　移栽水生植物，就是为了营造龙虾适宜的生存环境，在环形沟及田间沟种植沉水植物如聚草、苦草、水芋、轮叶黑藻、金鱼藻、眼子菜、慈菇、水花生等，并在水面上移养漂浮水生植物如芜萍、紫背浮萍、凤眼莲等。但要控制水草的面积，一般水草占环形虾沟面积的40%～50%，以零星分布为好，不要聚集在一起，这样有利于虾沟内水流畅通无阻塞。

在稻田中移栽水草，一般可以分为两种情况进行，一种情况是在秧苗成活后移栽，具体步骤以稻田中的苦草为例说明（图4.45至图4.48）。

图4.45　取出苦草幼苗

图4.46　将幼苗根茎处理

图 4.47 将处理好的苦草根部对齐，准备栽植

图 4.48 将苦草栽入田间沟或秧苗的空间处

还有一种情况就是稻谷收获后，人工移栽水草，供来年龙虾使用，这里用伊乐藻的人工栽培来简要说明操作技术（图 4.49 至图 4.51）。

图 4.49　从外地运来的水草，在栽种前进行适当的消毒处理

图 4.50　捞出水草

三、放养时间

不论是当年虾种，还是抱卵的亲虾，应力争一个"早"字。早放既可延长虾在稻田中的生长期，又能充分利用稻田施肥后所培养的大量天然饵料资

图 4.51　正在栽草

源。常规放养时间一般在每年 10 月或翌年 3 月底。也可以采取随时捕捞，及时补充的放养方式。

　　一种是在水稻收割后放养，主要是为翌年生产服务（图 4.52）；另一种是在小秧栽插后放养，主要是当年养成，部分可以为来年服务（图 4.53）。

图 4.52　刚收割后的稻田非常有利于虾的性腺发育

图 4.53　也可在秧苗成活后放养

四、放养密度

每亩稻田按 20~25 千克抱卵亲虾放养，雌雄比 3:1。也可待来年 3 月放养幼虾种（图 4.54），每亩稻田按 0.8 万~1.0 万尾投放。注意抱卵亲虾要直接放入外围大沟内饲养越冬，秧苗返青时再引诱虾入稻田生长。在 5 月以后随时补放，以放养当年人工繁殖的稚虾为主。

五、放苗操作

在稻田放养虾苗，一般选择晴天早晨和傍晚或阴雨天进行，这时天气凉快，水温稳定，有利于放养的龙虾适应新环境。放养时，沿沟四周多点投放，使龙虾苗种在沟内均匀分布，避免因过分集中，引起缺氧窒息死亡。龙虾在放养时，要注意幼虾的质量，同一田块放养规格要尽可能整齐，放养时一次放足。

图 4.54　可以放养质量好的幼虾

六、亲虾的放养时间探索

从理论上来说，只要稻田内有水，就可以放养亲虾，但从实际的生产情况对比来看，放养时间在每年的 8 月上旬至 9 月中旬的产量最高（图 4.55 和图 4.56）。我们在实施"安徽模式"的过程中，经过认真分析和实践，认为原因一方面是因为这个时间的温度比较高，稻田内的饵料生物比较丰富，为亲虾的繁殖和生长创造了非常好的条件；另一方面是亲虾刚完成交配，还没有抱卵，投放到稻田后刚好可以繁殖出大量的小虾，到翌年 5 月就可以长成成虾。如果推迟到 9 月下旬以后放养，有一部分亲虾已经繁殖，在稻田中繁殖出来的虾苗的数量相对就要少一些。另外一个很重要的方面是龙虾的亲虾最好采用用地笼捕捞的虾，9 月下旬以后龙虾的运动量下降，用地笼捕捞的效果不是很好，购买亲虾的数量就难以保证。因此我们建议要趁早购买亲虾，时间定在每年的 8 月初，最迟不能晚于 9 月 25 日。

由于亲虾放养与水稻移植有一定的时间差，因此暂养亲虾是必要的。目前常

图 4.55 8 月宜放养的亲虾

用的暂养方法有网箱暂养及田头土池暂养，由于网箱暂养时间不宜过长，否则会折断附肢且互相残杀现象严重。因此建议在稻田的一头开辟土池暂养，具体方法是亲虾放养前半个月，在稻田田头开挖一条面积占稻田面积 2% ~ 5% 的土池，用于暂养亲虾。待秧苗移植一周且禾苗成活返青后，可将暂养池与稻田挖通，并用微流水刺激，促进亲虾进入大田生长，通常称为稻田二级养虾法。利用此种方法可以有效地提高龙虾成活率，也能促进龙虾适应新的生态环境。

图 4.56 还可以放养抱卵亲虾

七、投饵管理

首先通过施足基肥，适时追肥，培育大批枝角类、桡足类以及底栖生物，同时在 3 月还应放养一部分螺蛳，每亩稻田 150～250 千克，并移栽足够的水草，为龙虾生长发育提供丰富的天然饲料。在人工饲料的投喂上，一般情况下，按动物性饲料 40%、植物性饲料 60% 来配比。投喂时也要实行"定时、定点、定量、定质"投饵技巧。早期每天分上、下午各投喂一次；后期在傍晚 18:00 多投喂。投喂饵料品种多为小杂鱼、螺蛳肉、河蚌肉、蚯蚓、动物内脏、蚕蛹、配喂玉米、小麦、大麦粉。还可投喂适量植物性饲料，如水葫芦、水芜萍、水浮萍等。日投喂饲料量为虾体重的 3%～5%。平时要坚持勤检查虾的吃食情况，当天投喂的饵料在 2～3 小时内被吃完，说明投饵量不足，应适当增加投饵量，如在第二天还有剩余，则投饵量要适当减少（图4.57）。

图 4.57　可定点投喂在网格内，既便于查看，又便于清洁

对于田中的虾沟较大，投喂不方便的稻田，可以用轻盈的小船来帮助投喂，提高效率（图 4.58）。

图 4.58　用来喂食和检查的小船

八、加强其他管理

其他的日常管理工作必须做到勤巡田、勤检查、勤研究、勤记录。

1. 看管工作要做好

做好人工看守工作，这主要是为了防盗防逃（图 4.59）。

2. 建立巡田检查制度

勤做巡田工作，检查虾沟、虾窝，发现异常及时采取对策，早晨主要检查有无残饵，以便调整当天的投饵量，中午测定水温、pH 值、氨氮、亚硝酸氮等有害物，观察田水变化，傍晚或夜间主要是观察了解龙虾活动及吃食情况。经常检查维修加固防逃设施，台风暴雨时应特别注意做好防逃工作，检查堤埂是否塌漏，拦虾设施是否牢固，防止逃虾和敌害进入。

图 4.59 加强人工看守

3. 加强蜕壳虾管理

虾田中始终保持有较多水生植物（图 4.60），可以通过投饲、换水等措施，促进龙虾群体集中蜕壳。大批虾蜕壳时严禁干扰，蜕壳后及时添加优质适口饲料，严防因饲料不足而引发龙虾之间的相互残杀，促进生长。

图 4.60 提供充足的水草供蜕壳虾用

4. 水草的管理

根据水草的长势，及时在浮植区内泼洒速效肥料。肥液浓度不宜过大，以免造成肥害。如果水花生高达 25 ~ 30 厘米时，就要及时收割，收割时需留茬 5 厘米左右。其他的水生植物，亦要保持合适的面积与密度（图 4.61）。

图 4.61　加强水草的管理

5. 联合施水产微生态制剂和水质微生态改良剂。

稻草及水草作为虾栖息、蜕壳、遮阴、青饲料等来提高虾的品质。但稻草及水草腐烂、剩余的饲料、龙虾的排泄物连年积累，造成田间沟底泥里的有机质增多，继而产生过量的亚硝酸盐以及有毒物质，恶化水体环境。开春后温度上升，尤其重视底质改良，不仅能杀菌，并且能降低由于水草腐烂、残饵、虾死尸等引起水体中有毒化学物质的含量。

根据水质变化及虾摄食、活动情况，每隔 5 ~ 7 天施用一次水体解毒剂、底质改良剂（图 4.62）和微生态制剂，逐步消除水体中的有害物质，改善水

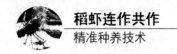
体环境有助于提高虾苗体质，预防虾的黑鳃或黑壳的发生。

图 4.62　改良水质的专用水质改良剂

第六节　保健养螺

一、稻田中放养螺蛳的作用

螺蛳是龙虾很重要的动物性饵料，螺蛳的价格较低，来源广泛，全国各地几乎所有的水域中都会自然生存大量的螺蛳，向稻田中投放螺蛳一方面可以改善稻田底质、净化底质；另一方面可以补充动物性饵料，具有明显降低养殖成本、增加产量、改善龙虾品质的作用，从而提高养殖户的经济效益，所以这两点至关重要。

螺蛳不但质嫩鲜美，而且营养丰富，利用率较高，是龙虾最喜食的理想优质鲜活动物性饵料。据测定，鲜螺体中含干物质 5.2%，干物质中含粗蛋白 55.35%，灰分 15.42%，其中含钙 5.22%，磷 0.42%，盐分 4.56%，含有赖氨酸 2.84%，蛋氨酸和胱氨酸 2.33%，同时还含有丰富的维生素 B 族和矿物质等营养物质，此外螺蛳壳中除含有少量蛋白质外，其矿物质含量高达88%左右，其中含钙37%，钠盐4%，磷0.3%，同时还含有多种微量元素。所以在饲养过程中，螺蛳既能为龙虾的整个生长过程，提供源源不断的、适口的、富含活性蛋白和多种活性物质的天然饵料，也可促进龙虾快速生长，提高成虾上市规格；同时螺蛳壳与贝壳一样是矿物质饲料，主要能提供大量的钙质，对促进龙虾的蜕壳起到很大的辅助作用（图4.63）。

图 4.63　螺蛳是好饲料

在稻田中进行稻虾连作共作时，适时适量投放活的螺蛳，利用螺蛳自身繁殖力强、繁殖周期短的优势，任其在稻田里自然繁殖，在稻田里大量繁殖的螺蛳以浮游动物残体和细菌、腐屑等为食。因此能有效地降低稻田中浮游生物含量，可以起到净化水质、维护水质清新的作用，在螺蛳和水草比较多的稻田环沟里，我们可以看到水质一般都比较清新、爽嫩，原因就在这里。

二、螺蛳的选择

螺蛳可以在市场上直接购买，而且每年在养殖区里都会有专门贩卖螺蛳的商户，但是对于条件许可、劳动力丰富的养殖户，我们建议最好是自己到沟渠、鱼塘、河流里捕捞，既方便又节约资金，更重要的是从市场上购买的

螺蛳不新鲜，活动能力弱。

如果是购买的螺蛳，要认真挑选，要注意选择优质的螺蛳，可以从以下几点来选择：

首先是要选择螺色青淡、壳薄肉多、个体大、外形圆、螺壳无破损、靥片完整者。

其次是要选择活力强的螺蛳，可以用手或其他东西来测试一下，如果受惊时螺体能快速收回壳中，同时靥片能有力地紧盖螺口，那么就是好的螺蛳。反之则不宜选购。

第三就是要选择健康的螺蛳，螺蛳是虫病菌或病毒的携带和传播者，因此，保健养螺又是健康养殖龙虾的关键所在。螺体内最好没有蚂蟥（也就是水蛭）等寄生虫寄生，另外购买螺蛳，要避开血吸虫病易感染地区，如江西省进贤县、安徽省无为县等地区。

第四就是选择的螺蛳壳要嫩光洁，壳坚硬不利于后期龙虾摄食。

第五就是引进螺蛳不能在寒冷结冰天气，避免冻伤死亡，要选择气温相对高的晴好天气（图4.64）。

图4.64　选择好的螺蛳

三、螺蛳的放养

螺蛳群体呈现出"母系氏族"雌螺占绝大多数，约占 75% ~ 80%，雄螺仅占 20% ~ 25%。在生殖季节，受精卵在雌螺育儿囊中发育成仔螺产出。每年的 4—5 月和 9—10 月是螺蛳的两次生殖旺季。螺蛳是分批产卵型，产卵数量随环境和亲螺年龄而异，一般每胎 20 ~ 30 个，多者 40 ~ 60 个，一年可生 150 个以上，产后 2 ~ 3 个星期，仔螺重达 0.025 克时即开始摄食，经过一年饲养便可交配受精产卵，繁殖后代。根据生物学家调查，繁殖的后代经过 14 ~ 16 个月的生长又能繁殖仔螺。因此许多养殖户为了获得更多的小螺蛳，通常是在清明前每亩放养鲜活螺蛳 200 ~ 300 千克，以后根据需要逐步添加。

从近几年众多龙虾养殖效益非常好的养殖户那里得到的经验总结，我们建议还是分批放养为好，可以分两次放养，总量在 150 ~ 200 千克/亩（图 4.65）。

图 4.65　投放到稻田里的螺蛳

第一次放养是在 3 月左右，投放螺蛳 50 ~ 100 千克/亩，量不宜太大，如果量大水质不易肥起来，就容易滋生青苔、泥皮等。投放螺蛳应以母螺蛳占

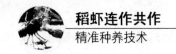

多数为佳，一般雌性大而圆，雄性小而长，外形上主要从头部触角上加以区分，雌螺左右两触角大小相同且向前伸展，雄螺的右触角较左触角粗而短，末端向内弯曲，其弯曲部分即为生殖器。

第二次放养是在清明前后，也就是在 4—5 月，投放 100 千克/亩。有条件的养殖户最好放养仔螺蛳，这样更能净化水质，利于水草生长。到了 6—7 月螺蛳开始大量繁殖，仔螺蛳附着于稻田的水草上，仔螺蛳不但质嫩鲜美，而且营养丰富，利用率很高，是龙虾最适口的饵料，正好适合龙虾生长旺期的需要。

四、养螺的日常管理

首先是在投放螺蛳前 1 天，使用合适的生化药品来改善底质，活化淤泥，给螺蛳创造良好的底部环境，减少螺蛳携带有害病菌的机会。例如可使用六控底健康 1 包，用量为 3~5 亩/包。

其次是在投放时应先将螺蛳洗净，并用对螺蛳刺激性小的药物对螺体进行消毒，目的是杀灭螺蛳身上的细菌及寄生虫，然后把螺蛳放在新活菌王 100 倍的稀释液中浸泡 1 个晚上。

第三是在放养螺蛳的 3 天后使用健草养螺宝（1 桶用 8~10 亩）来肥育螺蛳，增加螺蛳肉质质量和口感，为龙虾提供优良的饵料、增强体质。以后将健草养螺宝配合钙质如生石灰等，定期使用。

第四就是在高温季节，每 5~7 天可使用改水改底的药物，控制虫病毒和病菌在螺蛳体内的寄生和繁殖，从而大大减少携带和传播。

第五就是为了有利于水草的生长和保护螺蛳的繁殖，在虾种入田前最好用网片将田间沟的一部分圈起来作为暂养区，面积可占稻田田间沟的 5% 左右，待水草覆盖率达 40%~50%、螺蛳繁殖已达一定数量时撤除，一般暂养至 4 月，最迟不超过 5 月底。

第七节　收获上市

一、龙虾收获

1. 捕捞时间

龙虾生长速度较快，经 1～2 个月的人工饲养成虾规格达 30 克以上时，即可捕捞上市。在生产上，龙虾从 4 月就可以捕大留小了，收获以夜间昏暗时为好，对上市规格的虾要及时捕捞，可以降低稻田中的龙虾密度，有利于稻田中未捕捞的龙虾加速生长（图 4.66）。

图 4.66　捕龙虾

2. 地笼张捕

最有效的捕捞方式是用地笼张捕，地笼网是最常用的捕捞工具。每只地

笼长约 10～20 米，分成 l0～20 个方形的格子，每只格子间隔的地方两面带倒刺，笼子上方织有遮挡网，地笼的两头分别圈为圆形，地笼网以有结网为好。

前一天下午或傍晚把地笼放入田边浅水有水草的地方，里面放进腥味较浓的鱼块、鸡肠等作诱饵效果更好，网衣尾部漏出水面，傍晚时分，龙虾出来寻食时，闻到腥味，寻味而至，碰到笼子后，笼子上方有网挡着，爬不上去，便四处找入口，就钻进了笼子。进了笼子的虾滑向笼子深处，成为笼中之虾。第二天早晨就可以从笼中倒出龙虾，然后进行分级处理，大的按级别出售，小的继续饲养，这样一直可以持续上市到 10 月底，如果每次的捕捞量非常少时，可停止捕捞（图 4.67 至图 4.69）。

图 4.67　捕虾的地笼

3. 手抄网捕捞

把虾网上方扎成四方形，下面留有带倒锥状的漏斗，沿田间沟边沿地带或水草丛生处，不断地用杆子赶，虾进入四方形抄网中，提起网，龙虾就留

图 4.68　在水草丛中放地笼捕虾

图 4.69　早晨倒地笼

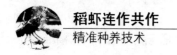

在了网中，这种捕捞法适宜用在水浅而且龙虾密集的地方，特别是在水草比较茂盛的地方效果非常好。

4. 干沟捕捉

抽干稻田虾沟里的水，龙虾便集中在沟底，用人工手拣的方式捕捉。要注意的是，抽水之前最好先将沟边的水草清理干净，避免龙虾躲藏在草丛中；加快抽水的速度，以免龙虾进洞。

5. 船捕

对于面积较大的稻田，可以利用小型的捕捞船在稻田中央来捕捞或从事投喂、检查生长情况等活动（图4.70）。

图4.70　捕虾船

6. 迷魂阵捕虾

有的龙虾养殖户将大水面的迷魂阵捕鱼法稍加改革，用于捕捞龙虾，效果很好（图4.71）。

图4.71　迷魂阵捕捞龙虾

二、上市销售

商品虾通常用泡沫塑料箱干运，也可以用塑料袋装运，或用冷藏车装运。运输时保持虾体湿润，不要挤压，以提高运输成活率。为了提高销售效益，在具体操作中，可以将龙虾分拣出售，在南方市场通常分为50～40只/千克、40～30只/千克、30～20只/千克、20只以内/千克等几个规格，不同的规格价格不同（图4.72和图4.73）。

图 4.72　按规格分拣龙虾

图 4.73　分拣好可以上市的龙虾

第五章
水稻栽培技术

在稻虾连作共作种养中，水稻的适宜栽种方式有两种，一种是手工栽插，另一种就是采用抛秧技术。综合多年的经验和实际用工以及栽秧时对龙虾的影响因素，我们建议采用免耕抛秧技术是比较适合的。

稻田免耕抛秧技术是指不改变稻田的形状，在抛秧前未经任何翻耕犁耙的稻田，待水层自然落干或排浅水后，将钵体软盘或纸筒秧培育出的带土块秧苗抛栽到大田中的一项新的水稻耕作栽培技术。这种免耕抛秧的形式，是非常适用于稻虾连作共生的模式，也是将稻田养虾与水稻免耕抛秧技术结合起来的一种稻田生态种养技术。

水稻免耕抛秧在稻虾连作共生的应用结果表明，该项技术具有省工节本、栽秧对龙虾的影响和耕作对环沟的淤积影响少、提高劳动生产率、缓和季节矛盾、保护土壤和增加经济效益等优点，深受农民欢迎，因而应用范围不断扩大（图5.1）。

一、水稻品种选择

由于免耕抛秧具有秧苗扎根较慢、根系分布较浅、分蘖发生稍迟、分蘖

图 5.1　养龙虾的水稻田

速度略慢、分蘖数量较少等生长特点，加上养虾稻田一般只种一季稻，选择适宜的高产优质杂交稻品种是非常重要的。水稻品种要选择分蘖及抗倒伏能力较强、叶片开张角度小，根系发达、茎秆粗壮、抗病虫害、抗倒伏且耐肥性强的紧穗型且穗型偏大的高产优质杂交稻组合品种，生育期一般以 140 天以上的品种为宜。目前，常用的品种有 Ⅱ 优 63、D 优 527、两优培九、川香优 2 号等，另外汕优系列、协优系列等也可选择（图 5.2）。

图 5.2　优质稻种

二、育苗前的准备工作

免耕抛秧育苗方法与常规耕作抛秧育苗大同小异，但其对秧苗素质的要求更高。

1. 苗床地的选择

免耕抛秧育苗床地比一般育苗要求要略高一些，在苗床地的选择上要求选择没有被污染且无盐碱、无杂草的地方，由于水稻的苗期生长离不开水，因此要求苗床地的进排水良好且土壤肥沃，在地势上要高、平坦且干燥，同时要具备、背风向阳、易于防风的环境条件（图 5.3）。

图 5.3　苗床地的选择与清理

2. 育苗面积及材料

根据以后需要抛秧的稻田面积来计算育苗的面积，一般按 1∶80～100 的比例进行，也就是说育 1 亩地的苗可以满足 80～100 亩的稻田栽秧需求。

育苗用的材料有塑料棚布、架棚木杆、竹皮子、每公顷 400～500 个的秧盘（钵盘），另外还需要浸种灵、食盐等。

3. 苗床土的配制

苗床土的配制原则是要求床土疏松、肥沃，营养丰富、养分齐全，手握时有团粒感，无草籽和石块，更重要的是要求配制好的土壤渗透性良好、保水保肥能力强、偏酸性等（图5.4和图5.5）。

图5.4　配制好苗床土

图5.5　将配制好的苗床土撒在育苗床上

三、种子处理

1. 晒种

选择晴天，在干燥平坦地上平铺席子或在水泥场摊开，将种子放在上面，厚度一寸，晒 2~3 天，为了是提高种子活性，这里有个小技巧，就是白天晒种，晚上再将种子装起来，另外在晒的时候要经常翻动种子。

2. 选种

这是保证种子纯度的最后一关，主要是去除稻种中的瘪粒和秕谷，种植户自己可以做好处理工作。先将种子下水浸 6 小时，多搓洗几遍，捞除瘪粒；去除秕谷的方法也很简单，就是最好用盐水来选种。方法是先将盐水配制 1:13 比重待用，根据计算，一般可用约 500 千克水加 12 千克盐就可以制备出来，用鲜鸡蛋进行盐度测试，鸡蛋在盐水液中露出水面 5 分硬币大小就可以了。把种子放进盐水液中，就可以去掉秕谷，捞出稻谷洗 2~3 遍，就可以了（图 5.6）。

图 5.6　选好种子是关键一步

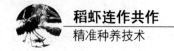

3. 浸种消毒

浸种的目的是使种子充分吸水有利发芽，消毒的目的是通过对种子发芽前的消毒，来防治恶苗病的发生几率。目前在农业生产上用于稻种消毒的药剂很多，平时使用较为普遍的就是恶苗净（又称多效灵）。这种药物对预防发芽后的秧苗恶苗病效果极好，使用方法是也很简单，取本品一袋（每袋100 克），加水 50 千克，搅拌均匀，然后浸泡稻种 40 千克，在常温下可以浸种 5 ~ 7 天就可以了（气温高浸短些，气温低浸长些），浸后不用清水洗可直接催芽播种。

4. 催芽

催芽是稻虾连作共作的一个重要环节，就是通过一定的技术手段，人为地催促稻种发芽，这是确保稻谷发芽的关键步骤之一。生产实践表明，在28 ~ 32℃温度条件下进行催芽时，能确保发出来的苗芽整齐一致。一些大型的种养户现在都有了催芽器，这时用催芽器进行催芽效果最好。对于一般的种养户来说，没有催芽器，也可以通过一些技术手段来达到催芽的目的，常见的可在室内地上、火炕上或育苗大棚内催芽，效果也不错，经济实用。

这里以一般的种养户来说明催芽的具体操作。第一步是先把浸种好的种子捞出，自然沥干；第二步是把种子放到 40 ~ 50℃的温水中预热，待种子达到温热（约 28℃）时，立即捞出；第三步是把预热处理好的种子装到袋子中（最好是麻袋），放置到室内垫好的地上（地上垫 30 厘米稻草，铺上席子）；或者火炕上，也要垫好，种子袋上盖上塑料布或麻袋；第四步是加强观察，在种子袋内插上温度计，随时看温度，确保温度维持在 28 ~ 32℃，同时保持种子的湿度；第五步是每隔 6 小时左右将装种子的袋子上下翻倒一次，使种子温度与湿度尽量上下、左右保持一致；第六步是晾种，这是因为种子在发芽的过程中自己产生大量的二氧化碳，使口袋内部的温度自然升高，稍不注意就会因高温烤坏种子，所以要特别注意。一般 2 天时间就能发芽，当破胸露白 80% 以上时就开始降温，适当凉一凉，芽长 1 毫米左右时就可以用来播种。

四、播种

1. 架棚、做苗床

一般用于水稻育苗棚的规格是宽 5～6 米，长 20 米，每棚可育秧苗 100 平方米左右。为了更好地吸收太阳光照，促进秧苗的生长发育，架设大棚时以南北向较好（图 5.7）。

可以在棚内做两个大的苗床，中间为步道 30 厘米宽，方便人进去操作和查看苗情，四周为排水沟，便于及时排除过多的雨水，防止发生涝渍。每平方米施腐熟农肥 10～15 千克，浅翻 8～10 厘米，然后耧平，浇透底水。

图 5.7　建架棚、做苗床

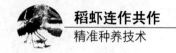

2. 播种时期的确定

稻种播种时期的确定，应根据当地当年的气温和品种熟期确定适宜的播种日期。这是因为气温决定了稻谷的发芽，而水稻发芽最低温为 10 ~ 12℃，因此只有当气温稳定在 5 ~ 6℃时方可播种，时间一般在 4 月上中旬。

3. 播种量的确定

播种量多少直接影响到秧苗素质，一般来说，稀播能促进培育壮秧。一般来说，旱育苗每平方米播量干籽 150 克，芽籽 200 克，机械插秧盘育苗的每盘 100 克芽籽。钵盘育的每盘 50 克芽籽。超稀植栽培每盘播 35 ~ 40 克催芽种子。总之播种量一定严格掌握，不能过大，对育壮苗和防止立枯病极为有利。

4. 播种方法

稻谷播种的方法通常有三种：

（1）隔离层旱育苗播种

在浇透水置床上铺打孔（孔距 4 厘米，孔径 4 毫米）塑料地膜，接着铺 2.5 ~ 3 厘米厚的营养土，每平方米浇 1 500 倍敌克松液，5 ~ 6 千克，盐碱地区可浇少量酸水（水的 pH 值 4），然后用手工播种，播种要均匀，播后轻轻压一下，使种子和床土紧贴在一起，再均匀覆土 1 厘米，然后用苗床除草剂封闭。播后在上边再平铺地膜，以保持水分和温度，以利于整齐出苗。

（2）秧盘育苗播种

秧盘（长 60 厘米，宽 30 厘米）育苗每盘装营养土 3 千克，浇水 0.75 ~ 1 千克播种后每盘覆土 1 千克，置床要平，摆盘时要盘盘挨紧，然后用苗床除草剂封闭。上面平铺地膜。

采用孔径较大的钵盘育苗播种：钵盘规格目前有两种规格，一是每盘有561个孔的，另一种是每盘有434个孔的。目前常规耕作抛秧育苗所用的塑料软盘或纸筒的孔径都较小，育出的秧苗带土少，抛到免耕大田中秧苗扎根迟、立苗慢、分蘖迟且少，不利于秧苗的前期生长和龙虾的及时进入大田生长。因此，我们在进行稻虾连作共作精准种养时，宜改用孔径较大的钵体育苗，可提高秧苗素质，有利于促进秧苗的扎根、立苗及叶面积发展、干物质积累、有效穗数增多、粒数增加及产量的提高。由于后一种育苗钵盘的规格能育大苗，因此提倡用434个孔的钵盘，每亩大田需用塑盘42~44个；育苗纸筒的孔径为2.5厘米，每亩大田需用纸筒4册（每册4 400个孔）。播种的方法是先将营养床土装入钵盘，浇透底水，用小型播种器播种，每孔播2~3粒（也可用定量精量播种器），播后覆土刮平（图5.8）。

图5.8　播种

五、秧田管理

俗话说"秧好一半稻"。育秧的管理技巧是：要稀播，前期干、中期湿、

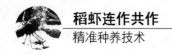

后期上水。培育带蘖秧苗,秧龄 30~40 天,可根据品种生育期长短,秧苗长势而定。因此秧苗管理要求管的细致,一般分四个阶段进行。

第一阶段是从播种至出苗时期。这段时间主要是做好大棚内的密封保温、保湿工作,保证出苗所需的水分和温度,要求大棚内的温度控制在 30℃ 左右,如果温度超过 35℃ 时就要及时打开大棚的塑料薄膜,达到通风降温的目的(图 5.9)。这一阶段的水分控制是重点,如果发现苗床缺水时就要及时补水,确保棚内的湿度达到要求。在这一阶段,如果发现苗床的底水未浇透,或苗床有渗水现象时,就会经常出现出苗前芽有干枯现象。一旦发现苗床里的秧苗出齐后就要立即撤去地膜,以免发生烧苗现象(图 5.10)。

图 5.9　播种后盖上薄膜

第二阶段是从出苗开始到出现 1.5 叶期。在这个阶段,秧苗对低温的抵抗能力是比较强的,管理的重心是注意床土不能过湿,因为过湿的土壤会影响秧苗根的生长,因此在管理中要尽量少浇水;另外就是温度一定要控制好,适宜控制在 20~25℃,在高温晴天时要及时打开大棚的塑料薄膜,通风降温(图 5.11)。

当秧苗长到一叶一心时,要注意防治立枯病,可用立枯一次净或特效抗

图 5.10　加强早期的水分管理

枯灵药剂，使用方法为每袋 40 克兑水 100～120 千克，浇施 40 平方米秧苗面积。如果播种后未进行药剂封闭除草，一叶一心期是使用敌稗草的最佳时期，用 20% 敌稗乳油对水 40 倍于晴天无露水时喷雾，用药量为 1 千克/亩，施药后棚内温度控制在 25℃ 左右，半天内不要浇水，以提高药效。另外，这一阶段的管理工作还要防止苗枯现象或烧苗现象的发生（图 5.12）。

图 5.11　加强秧苗中期的管理

图 5.12　注意对烧苗的预防

第三阶段是从 1.5 叶到 3 叶期。这一阶段是秧苗的离乳期前后，也是立枯病和青枯病的易发生期，更是培育壮秧的关键时期，所以这一时期的管理工作千万不可放松。由于这一阶段秧苗的特点是对水分最不敏感，但是对低温抗性强。因此我们在管理时，都是将床土水分控制在一般旱田状态，平时保持床面干燥就可以了，只有当床土有干裂现象时才能浇水，这样做的目的是促进根系发育，生长健壮。棚内的温度可控制在 20 ~ 25℃，在遇到高温晴天时，要及时通风炼苗，防止秧苗徒长。

在这一阶段有一个最重要的管理工作不可忘记，就是要追一次离乳肥，每平方米苗床追施硫酸铵 30 克兑水 100 倍喷浇，施后用清水冲洗一次，以免化肥烧叶。

第四阶段是从 3 叶期开始直到插秧或抛秧。水稻采用免耕抛秧栽培时，要求培育带蘖壮秧，秧龄要短，适宜的抛植叶龄为 3 ~ 4 片叶，一般不要超过 4 ~ 5 片叶。抛后大部分秧苗倒卧在田中，适当的小苗抛植，有利于秧苗早扎根，较快恢复直生状态，促进早分蘖，延长有效分蘖时间，增加有效穗数。

这一时期的重点是做好水分管理工作。因为这一时期不仅秧苗本身的生长发育需要大量水分，而且随着气温的升高，蒸发量也大，培育床土也容易干燥，因此浇水要及时、充分，否则秧苗会干枯甚至死亡。由于临近插秧期，这时外部气温已经很高，基本上达到秧苗正常生长发育所需的温度条件，所以大棚内的温度宜控制在25℃以内，在中午时全部掀开大棚的塑料薄膜，保持大通风，棚裙白天可以放下来，晚上外部在温度10℃以上时可不盖棚裙。为了保证秧苗进入大田后的快速返青和生长，一定要在插秧前3~4天追一次"送嫁肥"，每平方米苗床施硫铵50~60克，兑水100倍，然后用清水洗一次。还有一点需要注意的是为了预防潜叶蝇在插秧前用40%乐果乳液兑水800倍在无露水时进行喷雾。插前用人工拔一遍大草（图5.13）。

图 5.13　秧苗后期的管理要跟上

六、培育矮壮秧苗

在进行稻虾连作共作精准种养时，为了兼顾龙虾的生长发育和在稻田活动时对空间和光照的要求，我们在培育秧苗时，都是讲究控制秧苗高度（图

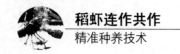

5.14）。为了达到秧苗矮壮、增加分蘖和根系发达的目的，可适当应用化学调控的措施，如使用多效唑、烯效唑、ABT 生根粉、壮秧剂等。目前育秧最常用的化学调控剂是多效唑，使用方法为：

（1）拌种

按每千克干谷种用多效唑 2 克的比例计算多效唑用量，加入适量水将多效唑调成糊状，然后将经过处理、催芽破胸露白的种子放入拌匀，稍干后即可播种。

（2）浸种

先浸种消毒，然后按每千克水加入多效唑 0.1 克的比例配制成多效唑溶液，将种子放入该药液中浸 10～12 小时后催芽。这种方式对稻虾连作共作精准种养的育秧比较适宜。

（3）喷施

种子未经多效唑处理的，应在秧苗的一叶一心期用 0.02%～0.03% 的多效唑药液喷施。

图 5.14　培育的矮壮秧苗

七、抛秧移植

1. 施足基肥

每亩施用经充分腐熟的农家肥 200～300 千克，尿素 10～15 千克，均匀撒在田面并用机器翻耕耙匀。

施用有机肥料，可以改良土壤，培肥地力。因为有机肥料的主要成分是有机质，秸秆含有机质达 50% 以上，猪、马、牛、羊、禽类粪便等有机质含量 30%～70%。有机质是农作物养分的主要资源，还有改善土壤的物理性质和化学性质的功能，或施水稻专用基肥（图 5.15）。

图 5.15　施足水稻专用基肥

2. 抛植期的确定

抛植期要根据当地温度和秧龄确定，免耕抛秧适宜的抛植叶龄为 3～4 片叶，各地要根据当地的实际情况选择适宜的抛植期，在适宜的温度范围内，

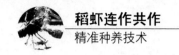

提早抛植是取得免耕增产的主要措施之一。抛秧应选在晴天或阴天进行，避免在北风天或雨天中抛秧。抛秧时大田保持泥皮水。

3. 抛植密度

抛植密度要根据品种特性、秧苗秧质、土壤肥力、施肥水平、抛秧期及产量水平等因素综合确定。在正常情况下，免耕抛秧的抛植密度要比常规耕抛秧的有所增加，一般增加10%左右，但是在稻虾连作共作精准种养时，为了给龙虾提供充足的生长活动空间，我们还是建议和常规抛秧的密度相当，每亩的抛植棵数，以1.8万～1.9万棵为宜（图5.16）。

图5.16　抛植后的稻田

八、人工移植

在稻虾连作共作精准种养时，我们重点提倡免耕抛秧，当然还可以实行人工秧苗移植，也就是我们常说的人工栽插。

1. 插秧时期确定

在进行稻虾连作共作精准种养时，人工插秧的时间还是有讲究的，我们建议在 5 月上旬插秧（5 月 10 日左右），最迟一定要在 5 月底全部插完秧，不插 6 月秧。具体的插秧时间还受到下面几点因素影响。

一是根据水稻的安全出穗期来确定插秧时间，水稻安全出穗期间的温度 25～30℃较为适宜，只有保证出穗有适合的有效积温，才能保证安全成熟，根据资料表明，江淮一带每年以 8 月上旬出穗为宜。

二是根据插秧时的温度来决定插秧时间，一般情况下水稻生长最低温度 14℃，泥温 13.7℃，叶片生长温度是 13℃。

三是要根据主栽品种生育期及所需的积温量安排插秧期，要保证有足够的营养生长期，中期的生殖期和后期有一定灌浆结实期。

2. 人工栽插密度

插秧质量要求，垄正行直，浅播，不缺穴。合理的株行距不仅能使个体（单株）健壮生长，而且能促进群体最大发展，最终获得高产。可采取条栽与边行密植相结合，浅水栽插的方法，插秧密度与品种分蘖力强弱、地力、秧苗素质，以及水源等密切相关。分蘖力强的品种插秧时期早，土壤肥沃或施肥水平较高的稻田，秧苗健壮，移植密度为 30 厘米×35 厘米为宜，每穴 4～5 棵秧苗，确保龙虾生活环境通风透气性能好；对于肥力较低的稻田，移栽密度为 25 厘米×25 厘米；对于肥力中等的稻田，移栽密度以 30 厘米×30 厘米左右为宜（图 5.17 至图 5.20）。

图 5.17　拨秧

图 5.18　拨好的秧苗

图 5.19　人工栽插

图 5.20　栽插好的水稻田

3. 改革移栽方式

为了适应稻虾连作共作精准种养的需要，我们在插秧时，可以改革移栽方式，目前效果不错的主要有两种改良方式。一种是三角形种植，以 30 厘米 × 30 厘米至 50 厘米 × 50 厘米的移栽密度、单窝 3 苗呈三角形栽培（苗距 6～10 厘米），做到稀中有密，密中有稀，促进分蘖，提高有效穗数；另一种是用正方形种植，也就是行距、窝距相等呈正方形栽培，这样做的目的是可以改善田间通风透光条件，促进单株生长，同时有利于龙虾的活动和蜕壳生长。

第六章
稻虾连作共作的管理

第一节　水质与水色防控

一、水位调节

水位调节，是稻田养虾过程中的重要一环。应以水稻为主，免耕稻田前期渗漏比较严重，秧苗入泥浅或不入泥，大部分秧苗倾斜、平躺在田面，以后根系的生长和分布也较浅，对水分要求极为敏感，因此在水分管理上要坚持勤灌浅灌、多露轻晒的原则。为了保证水源的质量，同时为了保证成片稻田养虾时不相互交叉感染，要求进水渠道最好是单独专用的。

1. 立苗期

抛秧后5天左右是秧苗的扎根立苗期，应在泥皮水抛秧的基础上，继续保持浅水，保持在10厘米左右，以利早立苗。如遇大雨，应及时将水排干，以防漂秧。此时期若灌深水，则易造成倒苗、漂苗，不利于扎根；若田面完全无水易造成叶片萎蔫，根系生长缓慢。这一阶段的龙虾可以暂时不放养，也可以在稻田的一端进行暂养，也可以放养在田间沟里，具体的方法各养殖户可根据自己的实际情况灵活掌握（图6.1）。

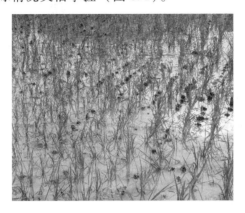

图 6.1　立苗期

2. 分蘖期

抛秧后 5～7 天，一般秧苗已扎根立苗，并渐渐进入有效分蘖期（图6.2）。此时可以放养龙虾，田水宜浅，一般水层可保持在 10～15 厘米。始蘖至够苗期，应采取薄水促分蘖，切忌灌深水，保证水稻的正常生长。

图 6.2　分蘖期

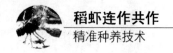

3. 孕穗至抽穗扬花期

这一阶段是龙虾的生长旺盛期，随着龙虾的不断长大，水稻也进入抽穗、扬花、灌浆期，这一阶段无论是龙虾还是水稻均需大量的水。在幼穗分化后期保持湿润，在花粉母细胞减数分裂期要灌深水养穗，严防缺水受旱。可将田水逐渐加深到 20～25 厘米，以确保两者（虾和稻）需水量。在抽穗始期后，田中保持浅水层，可慢慢地将水深再调节到 20 厘米以下，既增加龙虾的活动空间，又促进水稻的增产，使抽穗快而整齐，并有利于开花授粉。同时，还在注意观察田沟水质变化，一般每 3～5 天换冲水一次；盛夏季节，每 1～2 天换冲新水，以保持田水清新。

4. 灌浆结实期

灌浆期间采取湿润灌溉，保持田面干干湿湿至黄熟期，注意不能过早断水，以免影响结实率和千粒重（图 6.3）。

图 6.3　灌浆结实期

根据免耕抛秧稻分蘖较迟、分蘖速度较慢、够苗时间比常耕抛秧稻迟

2~3天、高峰苗数较低、成穗率较高的生育特点，应适当推迟控苗时间，采取多露轻晒的方式露晒田。

二、全程积极调控水质

水是龙虾赖以生存的环境，也是疾病发生和传播的重要途径，因此稻田水质的好坏直接关系到龙虾的生长、疾病的发生和蔓延。除了正常的农业用水外，在整个龙虾养殖过程中水质调节也非常重要，应做到以下几点。

（1）定期泼洒生石灰

调节水的酸碱度，增加水体钙离子浓度，供给龙虾吸收。龙虾喜栖居在微碱性水体中，虾田溶氧量在5克/升以上，pH值7.5~8.5，在龙虾的整个生长期间，每10天向田间沟用10~15千克/亩生石灰（水深1米）化水全田均匀泼洒，使稻田里的水始终呈微碱性。

（2）适时加水、换水

从虾种放养时0.5~0.6米始，随着水温升高，视水草长势，每10~15天加注新水10~15厘米，早期切忌一次加水过多。5月上旬前保持水位0.7米左右，7月上旬前保持水位1.2米左右。在高温季节每天加水、换水一次，形成微水流，促进龙虾蜕壳和生长，先排后灌，换水时换水速度不宜过快，以免对龙虾造成强刺激。在进水时用60目双层筛网过滤（图6.4和图6.5）。

（3）做好底质调控工作

在日常管理中做到适量投饵，减少剩余残饵沉底；定期使用底质改良剂（如投放过氧化钙、沸石等，投放光合细菌、活菌制剂）（图6.6）。

图6.4 进水口可以活动，平时不用时就这样放着

图6.5 秧田的水位可以调节至合适的位置

图6.6 自己培养的光合细菌

三、养殖前期的藻相养护

在用有机肥和化学肥料或者是生化肥料培养好水质后，在放养虾种的第4天，可用相应的生化产品为稻田提供营养来促进优质藻相的持续稳定，这是因为在藻类生长繁殖的初期对营养的需求量较大，对营养的质量要求也较高，当然这些藻类快速繁殖，在稻田里是优势种群，它们的繁殖和生长会消耗水体中大量的营养物质，此时如果不及时补施高品质的肥料养分，水色很容易被消耗掉，而呈澄清样，藻相因营养供给不足或者营养不良而出现"倒藻"现象。另一方面稻田里的水色过度澄清会导致天然饵料缺乏，水中溶氧偏低，这时虾种的活力减弱，免疫力也随之下降，最终影响成活率和回捕率。

图 6.7　藻相稳定的水质优良

保持藻相的方法很多，只要用对药物和措施得当就可以了，这里介绍一种方案，仅供参考。在放养虾种的第3天用黑金神浸泡1夜，到了第4天上午配合使用藻幸福或者六抗培藻膏追肥，用量为1包卓越黑金神加1桶藻幸

福或者 1 桶六抗培藻膏，可以泼洒 7 ~ 8 亩（图 6.7）。

四、养殖中后期的藻相养护

水质的好与坏，优良水质稳定时间的长与短，取决于水草、菌相（指益生菌）、藻相是否平衡，是否有机共存于稻田里。如果水体中缺菌相，就会导致水质不稳定；如果水体中缺藻相，就会导致水体易浑浊，主要是水中悬浮颗粒多；如果田间沟中缺少水草，龙虾就好像少了把"保护伞"，所以养一田好水，就必须适时地定向护草、培菌、培藻。

根据水质肥瘦情况，应酌情将肥料与活菌配合使用。如水色偏瘦，可采取以肥料为主以活菌为辅进行追肥。追肥时既可以采用生物有机肥或有机无机复混肥，但是更有效的则是采用培藻养草专用肥，这种肥料可全溶于水，既不消耗水中溶氧，又容易被藻类吸收，是理想的追施肥料。

图 6.8　藻相培养

如水质过浓，就要采取净水培菌措施，使用药物和方法请参考各生产场家的药品。这里介绍一例，可先用六控底健康全田泼洒一次，第二天再用灵活 100 加藻健康泼洒，晚上泼洒纳米氧，第三天左右，稻田里的水色就可变得清爽嫩活（图 6.8）。

五、危险水色的防控和改良

龙虾养到中后期，稻田底部的有机质除了耗氧腐败底质外，也对水草、藻类的营养有一定作用，可以部分促进水草、藻类生长。在中后期，我们更要做好的是防止危险水色的发生，并对这种危险水色进行积极的防控和改良。

1. 青苔水

田间沟中青苔大量繁衍对龙虾苗种成活率和养殖效益影响极大（图 6.9）。造成青苔在稻田中蔓延的主要原因有：①人为诱发：主要是水稻栽插早期，稻田里的水位较浅和光照较强所致；②水源中有较多的青苔：稻田在进水时，水源中的青苔随水流进入稻田中，在适宜的条件如水温、光照、营养等条件适宜时，会大量繁衍；③大量施肥：养殖户发现田间沟中的水草长势不够理想或已有青苔发生，采用大量施无机肥或农家肥的方式进行肥水，施肥后青苔生长加快，直至稻田的田间沟和田面泛滥过多；④过量投喂：在龙虾的养殖过程中投喂饲料过多，剩余饲料沉积在田间沟的底部，发酵后引起青苔孳生。

青苔大量发生后，由于田间沟中有大量的水草需要保护，常用的硫酸铜及含除草剂类药物的使用受到限制，所以青苔的控制应重在预防。常见的预防措施有：①种植水草和放养虾苗前，最好将稻田里的水抽干，包括田间沟里的水要全部抽干并曝晒 1 个月以上；②在对田间沟清整时，按每亩稻田（田间沟的面积）用生石灰 75 ~ 100 千克化浆全田泼洒；③在消毒清整田间沟 5 天后，必须用相应的药物进行生物净化，不仅消除养殖隐患，同时还消除

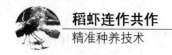
青苔和泥皮；④种植水草时要加强对水草和螺蛳的养护，促进水草生长，适度肥水，防止青苔发生；⑤合理投喂，防止饲料过剩，饲料必须保持新鲜。

图 6.9　青苔过多不宜养殖龙虾

2. 老绿色（或深蓝绿色）水

稻田中尤其是田间沟里微囊藻（蓝藻的一种）大量繁殖，水质浓浊，透明度在 20 厘米左右。通常在稻田的下风处，水表层往往有少量绿色悬浮细末，若不及时处理，稻田里的水迅速老化，藻类易大量死亡，如果龙虾长期在这种水体中生活，它们就会容易发病，生长缓慢，活力衰弱（图 6.10）。

图 6.10　老绿色水

一旦稻田里的水出现这种情况，一是立即换排水；二是可全田泼洒解毒药剂，减轻微囊藻对龙虾的毒性。

3. 黄泥色水

又称泥浊水，主要是由于稻田尤其是田间沟的底质老化，底泥中有害物质含量超标，底泥丧失应有的生物活性，遇到天气变化就容易出现泥浊现象。还有一种造成黄色水的原因是，稻田中含黄色鞭毛藻，稻田的田间沟中积存太久的有机物，经细菌分解，使稻田水的 pH 值下降时易产生此色。养殖户大多采取聚合氯化铝、硫酸铝钾等化学净水剂处理，但是只能有一时之效，却不能除根（图 6.11）。

图 6.11　黄色水色

稻田里的水出现这种情况时，一是要及时换水，增加溶氧，如 pH 值太低，可泼洒生石灰调水；二是及时引进 10 厘米左右的含藻水源；三是用肥水培藻的生化药品在晴天上午 9∶00 全田泼洒，目的是培养水体中的有益藻群；四是待肥好水色、培起藻后，再追肥来稳定水相和藻相，此时将水色由黄色向黄中带绿—淡绿—翠绿转变。

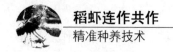

4. 油膜水

就是在稻田里尤其是田间沟的下风处会出现一层像油膜一样的水，这是一种很不好的水色，也是稻田里水质即将发生质变、恶化的前兆。发生这种情况的原因主要有以下几点：一是稻田里的水长期没有更换，形成死水，导致田间沟里的水质开始恶化，沟底部产生大量有毒物质，导致大量浮游生物死亡，尤其是藻类的大量死亡，在下风口水面形成一层油膜；二是在大量投喂冰鲜野杂鱼、劣质饲料时，饵料没有及时被龙虾摄食完毕，尤其是一些比较肥腻的野杂鱼，内脏没有被完全龙虾吃完，这些内脏的脂肪就会形成残饵漂浮在水面上；三是田间沟里的水草腐烂、霉变产生的烂叶、烂根等漂浮在水中与水中悬浮物构成一道混合膜（图 6.12）。

图 6.12 油膜水需要处理

稻田里的水出现这种情况时，一是要加强对养虾稻田的巡查工作，关注下风口处，把烂草、垃圾等漂浮物打捞干净；二是排换水 5~10 厘米后，使用改底药物全田泼洒，改良底部；三是在改底后的 5 小时内，施用市售的药品全田泼洒，破坏水面膜层；四是在破坏水面膜层后的第三天用解毒药物进行解毒，解毒后泼洒相关药物来修复水体，强壮水草，净化水质。

5. 黑褐色与酱油色水

这种水色中含大量的鞭毛藻、裸藻、褐藻等，这种水色一般是管理失常所致，如饲料投喂过多，残饵增多，没有发酵彻底的肥料施用太多或堆肥，导致溶解性及悬浮性有机物增加，水质和底质均老化（图6.13）。这种环境下的龙虾出现应激反应，发病率极高。

图6.13　酱油色水色

稻田里的水出现这种情况时，一是立即换水一半；二是换水后第二天引进3～5厘米的含藻新水；三是向田间沟里泼洒生物制剂如芽孢杆菌等，用法与用量请参考说明。

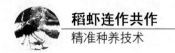

第二节　养护稻田的底质管护

一、底质对龙虾生长和疾病的影响

龙虾是典型的底栖类生活习性，它们的生活生长都离不开底质，因此稻田底质尤其是田间沟底质的优良与否会直接影响龙虾的活动能力，从而影响它们的生长、发育，甚至影响它们的生命，进而会影响养殖产量与养殖效益（图6.14）。

底质，尤其是长期养殖龙虾的稻田底质，往往是各种有机物的集聚之所，这些底质中的有机质在水温升高后会慢慢分解。分解过程中，它一方面会消耗水体中大量的溶解氧来满足分解作用的进行；另一方面，在有机质分解后，往往会产生各种有毒物质，如硫化氢、亚硝酸盐等。会导致龙虾因为不适应这种环境而频繁地上岸或爬上草头，轻者会影响它们的生长蜕壳，造成上市龙虾的规格普遍偏小，价格偏低，养殖效益也会降低，严重的则会导致龙虾中毒，甚至死亡。

图6.14　好的底质适合龙虾的生长

底质在龙虾养殖中还有一个重要的影响就是会改变它们的体色，从而影响出售时的卖相。在淤泥较多的黑色底质中养出的龙虾，常常一眼就能看出是铁壳虾，它们的具体特征就是甲壳灰黑，呈铁锈色，肉松味淡，商品价值非常低。

二、底质不佳的原因

稻田田间沟底质变黑发臭的原因，主要有以下几点造成的：

1. 清淤不彻底

在冬春季节清淤不彻底，田间沟里过多的淤泥没有及时清理出去，造成底泥中的有机物过多，这是底质变黑的主要原因之一。

2. 田间沟设计不科学

一些养殖龙虾的稻田设计不合理，田间沟的开挖不科学，有的养殖户为了夏季蓄水或者是考虑到龙虾度夏的需求，部分田间沟的水体开挖得较深。这样一来，上下水体形成了明显的隔离层，造成田间沟的底部长期缺氧，从而导致一些嫌气性细菌大量繁殖，水体氧化能力差，水体中有毒有害物质增多，底质恶化，造成底部有臭气。

3. 投饵不科学

一些养殖户投饵不科学，饲料利用率较低、长期投喂过量的或者是投喂蛋白质含量过高的饲料，过量的饲料并没有被龙虾及时摄食利用，从而沉积在底泥中。另一方面，龙虾新陈代谢产生的大量粪便沉积在底泥中，为病原微生物的生长繁殖提供条件，消耗稻田水体中大量的氧气，同时还分解释放出大量的硫化氢、沼气、氨气等有毒有害物质，使底质恶臭。

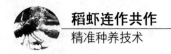
4. 用药不恰当

在龙虾养殖过程中，有的养殖户投放虾种的密度较大，加上养殖户为了防治虾病，大量使用杀虫剂、消毒剂、抗生素等药物，甚至乱用农药，并且用药剂量越来越高。在养殖过程中，养殖残饵、粪便、死亡动物尸体和杀虫剂、消毒剂、抗生素等化学物在田间沟的底部沉淀，形成黑色污泥，污泥中含有丰富的有机质，厌氧微生物占主导地位，严重破坏了田间沟底质的微生态环境，导致各种有毒有害物质恶化底质，从而危害龙虾。还有一些养殖户并不遵循科学养殖的原理，用药不当，破坏了水体的自净能力，经常使用一些化学物质或聚合类药物，例如大量使用沸石粉、木炭等吸附性物质为主的净水剂，这些药物在絮凝作用的影响下沉积于底泥中，从而造成田间沟的底质变黑发臭。

5. 青苔影响底质

在养殖前期，由于青苔较多，许多养殖户会大量使用药物来杀灭青苔，这些死亡后的青苔并没有被及时地清理或消解，而是沉积于底泥中（图6.15）。另外在养殖中期，龙虾会不断地夹断田间沟里的水草，这些水草除了部分漂浮于水面之外，还有一部分和青苔以及其他水生生物的尸体一起沉积于底泥中。随着水温的升高，这些东西会慢慢地腐烂，从而加速田间底质变黑发臭。

一般情况下，稻田的底质腐败时，水草会大量腐烂，水体和底质中的重金属含量明显超标。龙虾在生长过程中，长期缺乏营养或营养达不到需求，会渐渐地变成铁壳虾。

三、底质与疾病的关联

在淤泥较多的田间沟中，有机质的氧化分解会消耗掉底层原本并不多的

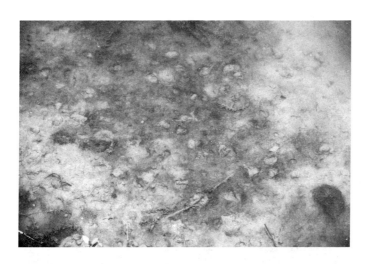

图 6.15　青苔沉积在池底会影响底质

氧气，造成底部处于缺氧状态，形成所谓的"氧债"。在缺氧条件下，嫌气性细菌大量繁殖，分解田间沟底部的有机物质而产生大量有毒的中间产物，如氨氮、亚硝酸盐氮、硫化氢、有机酸、低级胺类、硫醇等。这些物质大都对龙虾有着很大的毒害作用，并且会在水中不断积累，轻则会影响龙虾的生长，饵料系数增大，养殖成本升高；重则会提高龙虾对细菌性疾病的易感性，导致龙虾中毒死亡。

　　另一方面，当底质恶化，有害菌会大量繁殖，水中有害菌的数量达到一定峰值时，龙虾就可能发病，如龙虾甲壳的溃烂病、肠炎病等。

四、科学改底的方法

1. 用微生物或益生菌改底

　　提倡采用微生物或益生菌来进行底质改良，达到养底护底的效果。充分利用复合微生物中的各种有益菌的功能优势，发挥它们的协同作用，将残饵、

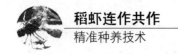

排泄物、动植物尸体等影响底质变坏的隐患及时分解消除，可以有效养护了底质和水质，同时还能有效控制病原微生物的蔓延扩散。

2. 快速改底

快速改底可以使用一些化学产品混合而成的改底产品，但是从长远的角度来看，还是尽量不用或少用化学改底产品，建议使用微生物制剂的改底产品，通过有益菌如光合细菌、芽孢杆菌等的作用来达到底改的目的（图6.16）。

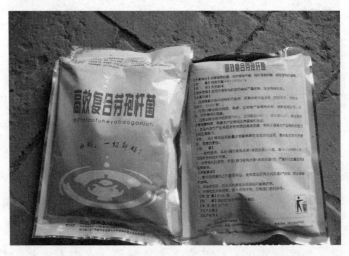

图 6.16　芽孢杆菌改底效果显著

3. 间接改底

在龙虾养殖过程中，一定要做好保护田间底质的工作，可以在饲料中长期添加大蒜素、益生菌等微生物制剂。因为这些微生物制剂是根据动物正常的肠胃菌群配制而成，利用益生菌代谢的生物酶补充龙虾体内的内源酶的不足，促进饲料营养的吸收转化，降低粪便中的有害物质的含量，排出来的芽孢杆菌又能净水，达到水体稳定、及时降解的目的，全方面改良底质和水质。所以不仅能降低龙虾的饵料系数，还能从源头上解决龙虾排泄物对底质和水质的污染，节约养殖成本。

4. 采用生物肥培养有益藻类

定向培养有益藻类，适当施肥并防止水体老化。养殖稻田不怕"水肥"，而是怕"水老"，因为"水老"藻类才会死亡，才会出现"水变"，水肥不一定"水老"。可以定期使用优质高效的水产专用肥来保证肥水效率，如"生物肥水宝""新肽肥"等，这些肥水产品都能被藻类及水产动物吸收利用，不污染底质。

五、养虾中后期底质的养护与改良

龙虾养到中后期，投喂量逐步增加，吃得多，排泄物也多，排泄物加上多种动植物的尸体累加沉积在田间沟的底部，沟底的负荷逐渐加大。这些有机物如果不及时采取有效的措施进行处理，会造成底部严重缺氧，这是因为有机质的腐烂至少要耗掉总溶氧的50%以上，在厌氧菌的作用下，就容易导致底部泛酸、发热、发臭，滋生致病原，从而造成龙虾爬边、上岸、爬草头等应激反应。另一方面在这种恶劣的底部环境下，一些致病菌特别是弧菌容易大量繁殖，从而导致龙虾的活力减弱，免疫力下降，这些底部的细菌和病毒交叉感染，使龙虾容易暴发细菌性与病毒性并发症疾病，最常见的就是偷死、白斑、黑鳃、烂鳃等病症。这些危害的后果是非常大、非常严重的，应引起养殖户的高度重视。

因此在龙虾养殖一个月后，就要开始对田间沟底质做一些清理隐患的工作。所谓隐患，是指剩余饲料、粪便、动植物尸体中残余的营养成分。消除的方法就是使用针对残余营养成分中的蛋白质、氨基酸、脂肪、淀粉等进行

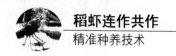

培养驯化的具有超强分解能力的复合微生物底改与活菌制剂，如一些市售的底改王、水底双改、黑金神、底改净、灵活 100、新活菌王、粉剂活菌王等，既可避免底质腐败产生有害物质，还可抑制病原菌的生长繁殖，同时还可以将这些有害物质转化成水草、藻类的营养盐供藻类吸收，促进水草、藻类的生长，从而起到增强藻相新陈代谢的活力和产氧能力，稳定正常的 pH 值和溶解氧。实践证明，采取上述措施处理行之有效（图 6.17）。

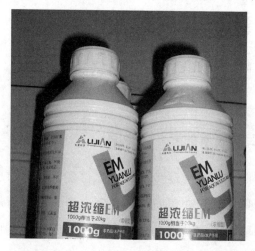

图 6.17　底质改良与养护的药物

一般情况下，田间沟里的溶氧量在凌晨 1∶00 至早晨 6∶00 最少，这时不能用药物来改底；在气压低、闷热无风天的时候，即使在白天泼洒药物，也要防止龙虾应激反应和田间沟底部局部缺氧，如果没有特别问题时，建议在这种天气不要改底；而在晴天中午改底效果比较好，能从源头上解决田间沟里溶解氧低下的问题，增强水体的活性。中后期改底每 7 ~ 10 天进行一次，在高温天气（水温超过 30℃）每 5 天 1 次，但是底改产品的用量稍减，也就是掌握少量多次的原则。这是因为沟底水温偏高时，底部的有机物的腐烂要比平时快 2 ~ 3 倍，所以改底的次数相应地要增加。

第三节　稻虾连作共作时的几个重要管理环节

一、科学施肥

大田肥料施用量和施肥方法要根据稻田表土层富集养分、下层养分较少的养分分布特点和免耕抛秧稻扎根立苗慢、根系分布浅、分蘖稍迟、分蘖速度较慢、分蘖节位低、够苗时间较迟、苗峰较低等生育特点进行。在进行稻虾连作共作精准种养时，稻田一般以施基肥和腐熟的农家肥为主，促进水稻稳定生长，保持中期不脱力，后期不早衰，群体易控制。在抛秧前 2 ~ 3 天施用，采用有机肥和化肥配合施用的增产效果最佳，且兼有提高肥料利用率、培肥地力、改善稻米品质等作用，每亩可施农家肥 300 千克，尿素 20 千克，过磷酸钙 20 ~ 25 千克，硫酸钾 5 千克。如果是采用复合肥作基肥的每亩可施 15 ~ 20 千克。

放虾后一般不施追肥，以免降低田中水体溶解氧，影响龙虾的正常生长。如果发现稻田脱肥，可少量追施尿素，采取勤施薄施方式，每亩不超过 5 千克，以达到促分蘖、多分蘖、早够苗的目的。原则是"减前增后，增大穗、粒肥用量"，要求做到"前期轰得起（促进分蘖早生快发，及早够苗），中期控得住（减少无效分蘖数量，促进有效分蘖生长），后期稳得起（养根保叶促进灌浆）"。施肥的方法是先排浅田水，让虾集中到鱼沟中再施肥，有助于肥料迅速沉积于底泥中并为田泥和禾苗吸收，随即加深田水到正常深度；也可采取少量多次、分片撒肥或根外施肥的方法。在水稻抽穗期间，要尽量增施钾肥，可增强抗病，防止倒伏，提高结实，成熟时杆青籽黄。禁用对龙虾有害的化肥如氨水和碳酸氢铵等。

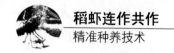
二、科学施药

稻田养虾能有效地抑制杂草生长，龙虾摄食昆虫，降低病虫害，所以要尽量减少除草剂及农药的施用。龙虾入田后，若再发生草荒，可人工拔除。如果确因稻田病害或虾病严重需要用药时，应掌握以下几个关键：① 科学诊断，对症下药；② 选择高效低毒低残留农药；③ 由于龙虾是甲壳类动物，也是无血动物，对含膦药物、菊酯类、拟菊酯类药物特别敏感，因此慎用敌百虫、甲胺膦等药物，禁用敌杀死等药；④ 喷洒农药时，一般应加深田水，降低药物浓度，减少药害，也可放干田水再用药，待 8 小时后立即上水至正常水位；⑤ 粉剂药物应在早晨露水未干时喷施，水剂和乳剂药应在下午喷洒；⑥ 降水速度要缓，等虾爬进鱼沟后再施药；⑦ 可采取分片分批的用药方法，即先施稻田一半，过两天再施另一半，同时尽量要避免农药直接落入水中，保证龙虾的安全（图 6.18）。

图 6.18　科学施药

三、科学晒田

水稻在生长发育过程中的需水情况是变化的，养虾的水稻田，养虾需水与水稻需水是主要矛盾。田间水量多，水层保持时间长，对虾的生长是有利

的，但对水稻生长却是不利。农谚对水稻用水进行了科学的总结，那就是
"浅水栽秧、深水活棵、薄水分蘖、脱水晒田、复水长粗、厚水抽穗、湿润灌
浆、干干湿湿"。具体来说，就是当秧苗在分蘖前期湿润或浅水干湿交替灌溉
促进分蘖早生快发；到了分蘖后期"够苗晒田"，即当全田总苗数（主茎 +
分蘖）达到每亩15万~18万时排水晒田，如长势很旺或排水困难的田块，
应在全田总苗数达到每亩12万~15万时开始排水晒田；到了稻穗分化至抽
穗扬花时，可采取浅水灌溉促大穗；最后在灌浆结实期时，可采用干干湿湿
交替灌溉、养根保叶促灌浆的技术措施（图6.19和图6.20）。

　　因此有经验的老农常常会采用晒田的方法来抑制无效分蘖，这时水位很
浅，对养殖龙虾非常不利，因此要做好稻田的水位调控工作是非常有必要的。
生产实践中我们总结一条经验，那就是"平时水沿堤，晒田水位低，沟溜起作
用，晒田不伤虾"。晒田前，要清理虾沟虾溜，严防虾沟里阻隔与淤塞。晒田
总的要求是轻晒或短期晒，晒田时，沟内水深保持在60~70厘米，使田块中间
不陷脚，田边表土不裂缝和发白，以见水稻浮根泛白为适度。晒好田后，及时
恢复原水位。尽可能不要晒得太久，以免虾缺食太久影响生长。

图6.19　抛秧水稻的晒田

图 6.20　人工栽秧水稻的晒田

四、病害预防

水稻的病害预防主要是做好稻瘟病、纹枯病、白叶枯病、细菌性条斑病及三化螟、稻纵卷叶螟、稻飞虱等病虫害的防治。特别要注意加强对三化螟的监测和防治，浸田用水的深度和时间要保证，尽量减低三化螟虫源。同时，防治螟虫要细致、彻底，所有的用药一定要用低毒、高效的生化药物，不得用相关部门禁用的药物，尤其是不得使用菊酯类、拟菊酯类、有机磷类药物，以免毒杀稻田里的龙虾。

对于稻田的虫害，可以施药数次，可在稻田里设置太阳能杀虫灯，利用物理方法杀死害虫，同时这些落到稻田里的害虫也是龙虾的好饵料（图6.21）。

对龙虾病害防治，在整个养殖过程中，始终坚持预防为主，治疗为辅的原则。预防方法主要有清淤和消毒；种植水草和移植螺蚬；苗种检疫和消毒；调控水质和改善底质。

图 6.21　太阳能杀虫灯灭虫

常见的敌害有水蛇、青蛙、蟾蜍、水蜈蚣、老鼠、黄鳝、泥鳅、鸟等。应及时采取有效措施驱逐或诱灭，平时及时做好灭鼠工作，春夏季需经常清除田内蛙卵、蝌蚪等。我们在全椒县的赤镇发现，水鸟和麻雀都喜欢啄食刚蜕壳后的软壳虾，因此一定要注意及时驱除。在放虾初期，稻株茎叶不茂，田间水面空隙较大，此时虾个体也较小，活动能力较弱，逃避敌害的能力较差，容易被敌害侵袭。同时，龙虾每隔一段时间需要蜕壳生长，在蜕壳或刚蜕壳时，最容易成为敌害的适口饵料。到了收获时期，由于田水排浅，虾有可能到处爬行，目标会更大，也易被鸟、兽捕食。对此，要加强田间管理，并及时驱捕敌害，有条件的可在田边设置一些彩条或稻草人，恐吓、驱赶水鸟（图 6.22）。另外，当虾放养后，还要禁止家养鸭子下田沟，避免损失。

图 6.22 恐吓水鸟是不错的方法

　　龙虾的疾病目前发现很少，但也不可掉以轻心，目前发现的主要是纤毛虫的寄生。因此要抓好定期预防消毒工作，在放苗前，稻田要进行严格的消毒处理，放养虾种时用 5 食盐水浴洗 5 分钟，严防病原体带入田内，采用生态防治方法，严格落实"以防为主、防重于治"的原则。每隔 15 天用生石灰 10～15 千克/亩溶水全虾沟泼洒，不但起到防病治病的目的，还有利于龙虾的蜕壳（图 6.23）。在夏季高温季节，每隔 15 天，在饵料中添加多维素、钙片等药物以增强龙虾的免疫力。

图 6.23 定期施用生石灰改善水质条件

五、稻谷收获用稻桩处理

稻谷收获一般采取收谷留桩的办法，然后将水位提高至 40 ~ 50 厘米，并适当施肥，促进稻桩返青，为龙虾提供避荫场所及天然饵料来源。有的由于收割时稻桩留得低了一些，水淹的时间长了一点，导致稻桩会腐烂，这就相当于人工施了农家肥，可以提高培育天然饵料的效果，但要注意不能长期让水质处于过肥状态，可适当通过换水来调节（图 6.24 至图 6.28）。

图 6.24　即将收获的稻谷

图 6.25　在田间打谷，确保田中不断水

图 6.26　收割水稻谷后就可以灌上水

图 6.27　经长时间水淹后，稻桩腐烂，促进天然饵料的生长

图 6.28 返青的稻桩可以为龙虾提供隐藏和饵料生物

第七章
龙虾的饲料与投喂

第一节　龙虾的食性与饲料

一、龙虾的食性

龙虾只有通过从外界摄取食物，才能满足其生长发育、栖居活动、繁衍后代等生命活动所需要的营养和能量。龙虾在食性上具有广谱性、互残性、暴食性、耐饥性和阶段性。

龙虾为杂食性动物，但偏爱动物性饵料，如小鱼、小虾、螺蚬类、蚌、蚯蚓、蠕虫和水生昆虫等；植物性食物有浮萍、丝状藻类、苦草、金鱼藻、菹草、马来眼子菜、轮叶黑藻、凤眼莲（水葫芦）、喜旱莲子草（水花生）、南瓜等；精饲料有豆饼、菜饼、小麦、稻谷、玉米等。在饵料不足或养殖密度较大的情况下，龙虾会发生自相残杀、弱肉强食的现象，体弱或刚蜕壳的软壳虾往往成为同类攻击的对象。因此，在人工养殖时，除了投放适宜的养殖密度、投喂充足适口的饵料外，设置隐蔽场所和栽种水草往往成为养殖成败的关键。

在摄食方式上，龙虾不同于鱼类，常见的养殖鱼类多为吞食与滤食，而龙虾则为咀嚼式吃食，这种摄食方式是由龙虾独特的口器所决定的。

二、龙虾的食量与抢食

龙虾的食量很大且贪食。据观察，在夏季的夜晚，一只龙虾一夜可捕捉5只左右的田螺。当然它也十分耐饥饿，如果食物缺乏时，一般7～10天或更久不摄食也不至于饿死，龙虾的这种耐饥性为龙虾的长途运输提供了方便。

龙虾不仅贪食，而且还有抢食和格斗的天性。通常在以下两种情况时更易发生，一是在人工养殖条件下，养殖密度大，龙虾为了争夺空间、饵料，而不断地发生争食和格斗，甚至自相残杀的现象；二是在投喂动物性饵料时，由于投喂量不足，导致龙虾为了争食美味可口的食物而互相格斗。

三、龙虾的摄食与水温的关系

龙虾的摄食强度与水温有很大关系，当水温在10℃以上时，龙虾摄食旺盛；当水温低于10℃时，摄食能力明显下降；当水温进一步下降到3℃时，龙虾的新陈代谢水平较低，几乎不摄食，一般是潜入到洞穴中或水草丛中冬眠。

四、植物性饲料

根据魏青山教授和张世萍教授以及羊茜等的研究，龙虾是杂食性动物，对植物性饵料比较喜爱，它们常吃的饵料有以下几种。

藻类：浮游藻类生活在各种小水坑、池塘、沟渠、稻田、河流、湖泊、水库中，通常使水呈现黄绿色或深绿色，龙虾对硅藻、金藻和黄藻消化良好，对绿藻、甲藻也能够消化。

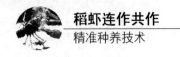

芜萍：芜萍为椭圆形粒状叶体，没有根和茎，是多年生漂浮植物，生长在小水塘、稻田、藕塘和静水沟渠等水体中。据测定，芜萍中蛋白质、脂肪含量较高，营养成分好，此外还含有维生素 C、维生素 B 以及微量元素钴等，龙虾喜欢摄食（图 7.1）。

图 7.1　芜萍

小浮萍：为椭圆形叶状体，生有一条很长的细丝状根，也是多年生的漂浮植物，生长在稻田、藕塘和沟渠等静水水体中，可用来喂养龙虾。

四叶萍：又称田字萍，在稻田中生长良好，是龙虾的食物之一。

槐叶萍：在浅水中生活，尤其喜欢在富饶的稻田中生长，是龙虾的喜好饵料之一（图 7.2）。

菜叶：饲养中不能把菜叶作为龙虾的主要饵料，只是适当地投喂菜叶作为补充食料，主要有小白菜叶、菠菜叶和莴苣叶（图 7.3）。

水浮莲、水花生、水葫芦：它们都是龙虾非常喜欢的植物性饵料。

其他的水草：包括菹草、伊乐藻等各种沉水性水草和一些菱角等漂浮性植物以及茭白、芦苇等挺水性植物（图 7.4 至图 7.7）。

图 7.2　槐叶萍

图 7.3　菜叶

图 7.4 菹草

图 7.5 伊乐藻

图 7.6　茭白也是龙虾喜爱的水生植物

图 7.7　稻田头有芦苇相连更是养虾的好场所

以及黑麦草、莴笋、玉米、黄花草、苏丹草等多种旱草，都是龙虾爱吃的植物性饵料（图 7.8 和图 7.9）。

图 7.8　黑麦草

图 7.9　莴笋叶

其他的植物性饲料还有一些西瓜及瓜皮、梨桃以及它们的副产品（图7.10）。

图 7.10　西瓜及瓜皮也是龙虾爱吃的植物性饲料

五、动物性饲料

龙虾常食用的动物性饵料有水蚤、剑水蚤、轮虫、原虫、水蚯蚓、孑孓以及鱼虾的碎肉、动物内脏、鱼粉、血粉、蛋黄和蚕蛹等。

水蚤、剑水蚤、轮虫等：是水体中天然饵料，龙虾在刚从母体上孵化出来后，喜欢摄食它们，人工繁殖龙虾时，也常常人工培育这些活饵料来养殖龙虾的幼虾（图7.11）。

水蚯蚓：通常群集生活在小水坑、稻田、池塘和水沟底层的污泥中，身体呈红色或青灰色，它是龙虾适口的优良饵料（图7.12）。

孑孓：通常生活在稻田、池塘、水沟和水洼中，尤其春、夏季分布较多，是龙虾喜食的饵料之一。

蚯蚓：种类较多，都可作龙虾的饵料。

蝇蛆：苍蝇及其幼虫－蛆都是龙虾养殖的好饵料。

螺蚌肉：是龙虾养殖的上佳活饵料，除了人工投放部分螺蚌补充到稻田

图 7.11 人工培育的水蚤

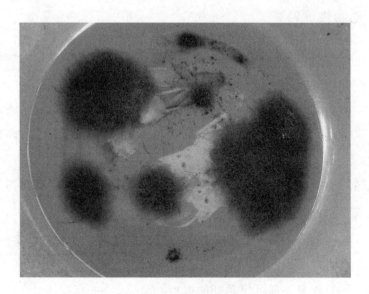

图 7.12 水蚯蚓

之外，其他的螺蚌在投喂时最好敲碎，然后投喂（图7.13）。

图7.13　河蚌和田螺一样是很好的动物性饵料

血块、血粉：新鲜的猪血、牛血、鸡血和鸭血等都可以煮熟后晒干，或制成颗粒饲料喂养龙虾。

鱼、虾肉：野杂鱼肉和沼虾肉，龙虾可直接食用，有时为了提高稻田的利用率，可以在虾沟中投放一些小的鱼苗，一方面为龙虾提供活饵，另一方面可以提供1龄鱼种，增加收入（图7.14）。

图7.14　投喂小龙虾的野杂鱼

屠宰下脚料：家禽内脏等屠宰下脚料是龙虾的好饵料，在我们投喂的过程中，发现龙虾对畜禽的肺和内脏特别爱吃，而对猪皮、油皮等不太爱吃（图7.15）。

图 7.15　家禽内脏是好的饲料

第二节　解决龙虾饲料的方式

养殖龙虾投喂饵料时，既要满足龙虾营养需求，加快蜕壳生长，又要降低养殖成本，提高养殖效益。可因地制宜，多种渠道落实饵料来源。

一、积极寻找现成的饵料

1. 充分利用屠宰下脚料

利用肉类加工厂的猪、牛、羊、鸡、鸭等动物内脏以及罐头食品厂的废弃下脚料作为饲料，经淘洗干净后切碎或绞烂煮熟喂龙虾。也可以利用水产加工企业的废鱼虾和鱼内脏，渔场还可以利用池塘鱼病流行季节，需要处理没有食用价值的病鱼、死鱼、废鱼作饲料。如果数量过多时，还可以用淡干或盐干的方法加工储藏，以备待用。

2. 捕捞野生鱼虾

在方便的条件下，可以在池塘、河沟、水库、湖泊等水域丰富的地区进行人工捕捞小鱼虾、螺蚌贝蚬等作为龟的优质天然饵料。这类饲料来源广泛，饲喂效果好，但是劳动强度大。

3. 利用黑光灯诱虫

夏秋季节在田间沟的水面上 20 ~ 30 厘米处或者稻田中央吊挂 40 瓦的黑光灯一支，可引诱大量的飞蛾、蚱蜢、蝼蛄等敌害昆虫入水供龟食用，既可以为农作物消灭害虫，又能提供大量的活饵，根据试验，每夜可诱虫 3 ~ 5 千克。为了增加诱虫效果，可采用双层黑光灯管的放置方法，每层灯管间隔 30 ~ 50 厘米为宜。特别注意的是，利用这种饲料源，必须定期为龙虾服用抗菌素，以提高抗病力（图 7.16）。

二、收购野杂鱼虾、螺蚌等

在靠近小溪小河、塘坝、水库、湖泊等地，可通过收购当地渔农捕捞的野杂鱼虾、螺蚬贝蚌等为龟提供天然饵料，在投喂前要加以清洗消毒处理，可用 3 ~ 5 的食盐水清洗 10 ~ 15 分钟或用其他药物如高锰酸钾杀菌消毒，螺、贝、蚬、蚌最好敲碎或剖割好再投饲。

三、人工培育活饵料

螺蛳、河蚌、福寿螺、河蚬、蚯蚓、蝇蛆、黄粉虫、丰年虫等都是龙虾

图 7.16　黑光灯诱虫

的优质鲜活饲料，可利用人工手段进行养殖、培育，以满足养殖之需。具体的培育方式请参考相关书籍（图 7.17 和图 7.18）。

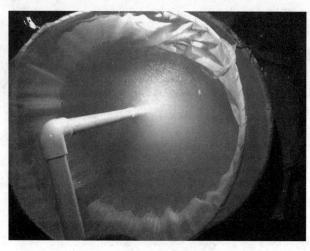

图 7.17　人工培育活饵料

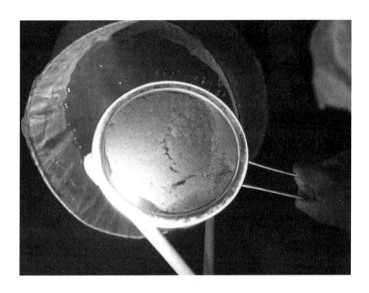

图 7.18　培育好的活饵料

四、种植瓜菜

由于龙虾是杂食性的，因此可利用零星土地种植蔬菜、南瓜、豆类等，作为龙虾的辅助饲料，是解决饲料的一条重要途径。

五、充分利用水体资源

1. 养护好水草

要充分利用水体里的水草资源，在田间沟中移栽水草，确保田间沟内的水草覆盖率在30%以上，水草主要品种有伊乐藻等，水草既是龙虾喜食的植物性饵料，又有利于小杂鱼、虾、螺、蚬等天然饵料生物的生长繁殖（图7.19）。

图 7.19　养护好水草

2. 投放螺蛳

要充分利用水体里的螺蛳资源，并尽可能引进外源性的螺蛳，让其自然繁殖，供龙虾自由摄食。

六、充分利用配合饲料

饲料是决定龙虾的生长速度和产量的物质基础，任何一种单一饲料都无法满足龙虾的营养需求。因此，在积极开辟和利用天然饲料的同时，也要投喂人工配合饲料，既能保证龙虾的生长速度，又能节约饲养成本。

根据龙虾的不同生长发育阶段对各种营养物质的需求，将多种原料按一定的比例配合、科学加工而成。配合饲料又称为颗粒饲料，包括软颗粒饲料、硬颗粒饲料和膨化饲料等，它具有动物蛋白和植物蛋白配比合理、能量饲料与蛋白饲料的比例适宜、具备营养物质较全面的优点，同时在配制过程中，适当添加了龙虾特殊需要的维生素和矿物质，以便各种营养成分发挥最大的经济效益，并获得最佳的饲养效果。

第三节　龙虾配合饲料的使用

发展龙虾养殖业，光靠天然饵料是不够的，必须发展人工配合饵料以满足要求。人工配合颗粒饵料，要求营养成分齐全，主要成分应包括蛋白质、糖类、脂肪、无机盐和维生素等五大类。

人工配合饲料是根据不同龙虾的不同生长发育阶段对各种营养物质的需求，将多种原料按一定的比例配合、科学加工而成。配合饲料又称为颗粒饲料，包括软颗粒饲料、硬颗粒饲料和膨化饲料等，它具有动物蛋白和植物蛋白配比合理、能量饲料与蛋白饲料的比例适宜、具备营养物质较全面的优点。

一、龙虾养殖使用配合饲料的优点

在养殖龙虾的过程中，使用配合饲料具有以下几个方面的优点：

1. 营养价值高，适合于集约化生产

龙虾的配合饲料是运用现代龙虾研究的鱼类生理学、生物化学和营养学的最新成就，根据分析龙虾在不同生长阶段的营养需求，经过科学配方与加工配制而成，因此有的放矢，大大提高了饲料中各种营养成分的利用率，使营养更加全面、平衡，生物学价值更高。它不仅能满足龙虾生长发育的需要，而且能提高各种单一饲料养分的实际效能和蛋白质的生理价值，起到取长补短的作用，是龙虾集约化生产的保障。

2. 充分利用饲料资源

通过配合饲料的制作，将一些原来龙虾并不能直接利用的原材料加工成

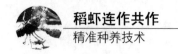

了龙虾的可口饲料，扩大了饲料的来源，它可以充分利用粮、油、酒、药等食品与石油化工等产品，符合可持续发展的原则。

3. 提高饲料的利用效率

配合饲料是根据龙虾的不同生长阶段、不同规格而特制的营养成分不同的饲料，使它最适于龙虾生长发育的需要，另一方面，配合饲料通过加工制粒过程，由于加热作用使饲料熟化，也提高了饲料蛋白质和淀粉的消化率。

4. 减少水质污染

配合饲料在加工制粒过程中，因为加热糊化效果或是添加了黏合剂的作用促使淀粉糊化，增强了饲料原料之间的相互黏结，加工成不同大小、硬度、密度、浮沉、色彩等完全符合龙虾需要的颗粒饲料。这种饲料一方面具有动物蛋白和植物蛋白配比合理、能量饲料与蛋白饲料的比例适宜、营养物质较全面的优点，同时也大大减少了饲料在水中的溶失以及对水域的污染，降低了稻田里水的有机物耗氧量，提高了稻田龙虾的放养密度和产量。

5. 减少和预防疾病

各种饲料原料在加工处理过程中，尤其是在加热过程中能破坏某些原料中的抗代谢物质，提高了饲料的使用效率，同时在配制过程中，适当添加了龙虾特殊需要的维生素、矿物质以及预防或治疗特定时期的特定虾病，通过饵料作为药物的载体，使药物更好更快地被龙虾摄食，从而更方便有效地预防虾病。更重要的是，在饲料加工过程中，可以除去原料中的一些毒素、杀灭潜在的病菌和寄生虫及虫卵等，减少了由饲料所引起的多种疾病。

6. 有利于运输和贮存

配合饲料的生产可以利用现代先进的加工技术进行大批量工业化生产，

便于运输和贮存，节省劳动力，提高劳动生产率，降低了龙虾养殖的强度，获得最佳的饲养效果（图7.20）。

图7.20　配制好的颗粒饲料

二、人工饲料的配制

1. 龙虾饲料的配方设计

龙虾全价配合饲料的配方是根据龙虾的营养需求而设计的，下面列出几种配方仅供参考：

龙虾苗种：

① 鱼粉70%、豆粕6%、酵母3%、α–淀粉17%、矿物质1%、其他添加剂3%。

② 鱼粉77%、啤酒酵母2%、α–淀粉18%、血粉1%、复合维生素1%、矿物质添加剂1%。

③ 鱼粉70%、蚕蛹粉5%、血粉1%、啤酒酵母2%、α–淀粉20%、复合维生素1%、矿物质1%。

④ 鱼粉 20%、血粉 5%、大豆饼 25%、玉米淀粉 23%、小麦粉 25%、生长素 1%、矿物质添加剂 1%。

⑤ 麦麸 30%、豆饼 20%、鱼粉 50%、维生素和矿物质适量。

壮年龙虾：

① 鱼粉 60%、α - 淀粉 22%、大豆蛋白 6%、啤酒酵母 3%、引诱剂 3.1%、维生素添加剂 2%、矿物质添加剂 3%、食盐 0.9%。

② 鱼粉 65%、α - 淀粉 22%、大豆蛋白 4.4%、啤酒酵母 3%、活性小麦筋粉 2%、氯化胆碱（含量为 50%）0.3%、维生素添加剂 1%、矿物质添加剂 2.3%。

③ 肝粉 100 克、麦片 120 克、绿紫菜 15 克、酵母 15 克、15% 虫胶适量。

④ 干水丝蚓 15%、干子孓 10%、干壳类 10%、干牛肝 10%、四环素族抗生素 18%、脱脂乳粉 23%、藻酸苏打 3%、黄蓍胶 2%、明胶 2%、阿拉伯胶 2%、其他 5%。

2. 工艺流程

从目前国内饲料加工情况来看，其工艺大致相同，主要有以下几个流程：

原料清理→配料→第一次混合→超微粉碎→筛分→加入添加剂和油脂→第二次混合→粉状配合饲料或颗粒配合饲料→喷油、烘干→包装、贮藏（图 7.21 和图 7.22）。

图 7.21　简易加工饲料机械

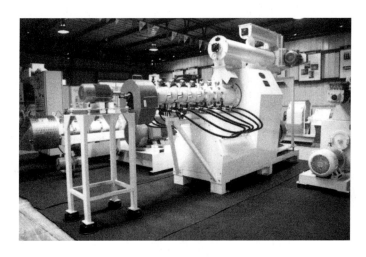

图 7.22　规模化饲料机械

第四节　科学投喂

投喂量多质好的饵料，尤其是颗粒饲料是稻虾连作共作精准种养技术中，取得高产、稳产、优质、高效的重要技术措施之一。

一、龙虾喂食需要了解的真相

第一，我们应该了解龙虾自身消化系统的消化能力不足，主要表现为龙虾消化道短，内源酶不足；另外气候和环境的变化尤其是水温的变化会导致虾产生应激反应，甚至拒食等，这些因素都会妨碍龙虾对饲料的消化吸收。

第二，就是不要盲目迷信龙虾的天然饵料，有的养殖户认为只要水草养好了，螺蛳投喂足了，再喂点小麦、玉米什么的就可以了，而忽视了配合饲料的使用，这种观念是错误的，在规模化养殖中我们不可能有那么丰富的天然饵料，因此我们必须科学使用配合饲料，而且要根据不同的生长阶段使用不同粒径、不同配方的配合饲料。

第三，就是饲料本身的营养平衡与生产厂家的生产设备和工艺配方相关联，例如有的生产厂家为了节省费用，会用部分植物蛋白（常用的是发酵豆粕）替代部分动物蛋白（如鱼粉、骨粉等），加上生产过程中的高温环节对饲料营养的破坏，如磷酸酯等会丧失，会导致饲料营养的失衡，从而也影响了龙虾对饲料营养的消化吸收及营养平衡的需求。所以，养殖者在选用饲料时要理智谨慎，最好选择用户口碑好的知名品牌进行使用。

第四，就是为了有效弥补龙虾消化能力的不足，提高龙虾对饲料营养的消化吸收，满足其营养平衡的需求，增强其免疫、抗病能力，在喂料前，定期在饲料中拌入产酶益生菌、酵母菌和乳酸菌等，是很有必要的。这些有益微生物复合种群优势，既能补充龙虾的内源酶，增强消化功能，促进对饲料营养的消化吸收，还能有效抑制病原微生物在消化系统生长繁殖，维护消化道的菌群平衡，修复并促进体内微生态的健康循环，预防消化系统疾病，对龙虾养殖十分重要。另外如果在饲料中定期添加保肝促长类药物，既有利于保肝护肝，增强肝功能的排毒解毒功能，又能提高龙虾的免疫力和抗病能力，因此我们在投喂饲料时要定期使用一些必备的药物。

第五，就是我们在投喂饲料时，总会有一些饲料沉积在稻田底部，从而对底质和水质造成一些不良影响，为了确保稻田的水质和底质都能得到良好的养护和及时的改善，从而减少龙虾的应激反应，因此我们在投喂时，会根据不同的养殖阶段和投喂情况，会在饲料中适当添加一些营养保健品和微量元素，可增强虾的活力和免疫抗病能力，提高饲料营养的转化吸收，促进龙虾生长，降低养虾风险和养殖成本，提高养殖效益（图 7.23）。

图 7.23　投饵机

二、投饲量

投饲量是指在一定的时间（一般是 24 小时）内投放到稻田中的饲料量，

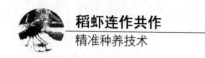

它与龙虾的食欲、数量、大小、水质、饲料质量等有关，实际工作中投饲量常用投饲率进行度量。投饲率亦称日投饲率，是指每天所投饲料量占稻田里龙虾总体重的百分数。日投饲量是实际投饲率与水中承载龙虾量的乘积。为了确定某一具体养殖水体中的投饲量，需首先确定投饲率和承载龙虾量。

1. 影响投饲量的因素

投饲量受许多因素的影响，主要包括养殖龙虾的规格（体重）、水温、水质（溶氧）和饲料质量等。

（1）水温

龙虾是变温动物，水温影响他们的新陈代谢和食欲。在适温范围内，龙虾的摄食随水温的升高而增加的。应根据不同的水温确定投饲率，具体体现在一年中不同月份投饲量应该有所变化。

（2）水质

水质的好坏直接影响到龙虾的食欲、新陈代谢及健康。一般在缺氧的情况下龙虾会表现出极度不适和厌食。水中溶氧量充足时，食量加大。因此，应根据水中的溶氧量调节投饲量，如气压低时，水中溶氧量低，相应地应降低饲料投饲量，以避免未被摄食的饲料造成水质的进一步恶化。

（3）饲料的营养与品质

一般来说，质量优良的饲料龙虾喜食，而质量低劣的饲料，如霉变饲料，则会影响龙虾的摄食，甚至拒食。饲料的营养含量也会影响投饲量，特别是日粮的蛋白质的含量，对投饲量的影响最大。

2. 投饲量的确定

为了做到有计划的生产，保证饵料及时供应，做到根据龙虾生长需要，均匀、适量地投喂饵料，必须在年初规划好全年的投饵计划。

饲料全年分配法是根据从实践中总结出来的在特定的养殖方式下龙虾的饲料全年分配比例表（表7.1）。具体方法是首先根据稻田条件、全年计划总产量、虾种放养量估算出全年净产量，根据饲料品质估测出饲料系数或综合饵肥料系数，然后估算出全年饲料总需要量，再根据饲料全年分配比例表，确定出逐月、甚至逐旬和逐日分配的投饵量。

其中各月饲料分配比例一般采用"早开食，晚停食，抓中间，带两头"的分配方法，在鱼类的主要生长季节投饵量占总投饵量的75%～85%，每日的实际投饵量主要根据当地的水温、水色、天气和鱼类吃食情况来决定。

表7.1　饲料全年分配比例表

月份	3	4	5	6	7	8	9	10	11
%	1.0	2.5	6.5	11	6.5	2.5	3.0	10	3.0

3. 龙虾具体投喂量的确定

虾苗刚下田时，日投饵量每亩为0.5千克。随着生长，要不断增加投喂量，具体的投喂量除了与天气、水温、水质等有关外，还要自己在生产实践中把握，这里介绍一种叫试差法的投喂方法。由于龙虾是捕大留小的，虾农不可能准确掌握龙虾的稻田保有量，因此通过按生长量来计算投喂量是不准确的，我们在生产上建议虾农采用试差法来掌握投喂量。在第二天喂食前先查一下前一天所喂的饵料情况，如果没有剩下，说明基本上够吃了，如果剩下不少，说明投喂得过多了。据此一定要将饵量减下来，如果看到饵料没有，且饵料投喂点旁边有龙虾爬动的痕迹，说明上次投饵少了一点，需要加一点，如此三天就可以确定投饵量了。在没捕捞的情况下，隔三天增加10%的投饵量，如果捕大留小了，则要适当减少10%～20%的投饵量。

三、投喂方法

一般每天两次，分上午、傍晚投放，投喂以傍晚为主，投喂量要占到全天投喂量的 60% ~ 70%，饲料投喂要采取"四定"、"四看"的方法（图7.24）。

图 7.24　投喂

1. 配合饲料的规格

颗粒饲料具有较高的稳定性，可减少饲料对水质的污染。此外，投喂颗粒饲料时，便于具体观察龙虾的摄食情况，灵活掌握投喂量，可以避免饲料的浪费。最佳饲料颗粒规格随龙虾增长而增大。

2. 投喂原则

龙虾是以动物性饲料为主的杂食性动物，在投喂上应进行动、植物饲料合理搭配，实行"两头精、中间青、荤素搭配、青精结合"的科学投饵原则进行投喂。

3．"四看"投饵

看季节：5月中旬前，动、植物性饵料比为 60∶40；5—8月中旬为 45∶55；8月下旬至10月中旬为 65∶35。

看实际情况：连续阴雨天气或水质过浓，可以少投喂，天气晴好时适当多投喂；大批虾蜕壳时少投喂，蜕壳后多投喂；虾发病季节少投喂，生长正常时多投喂。既要让虾吃饱吃好，又要减少浪费，提高饲料利用率。

看水色：透明度大于50厘米时可多投，少于20厘米时应少投，并及时换水。

看摄食活动：发现过夜剩余饵料应减少投饵量。

4．"四定"投饵

定时：高温时每天两次，最好定到准确时间，调整时间宜半月甚至更长时间才能进行。水温较低时，也可一天喂一次，安排在下午。

定位：沿田边浅水区定点一字形摊放，每间隔20厘米设一投饵点，也可用投饵机来投喂。

定质：青、粗、精结合，确保新鲜适口，建议投喂配合饵料，全价颗粒饵料，严禁投腐败变质饵料。其中动物性饵料占40%，粗料占25%，青料占35%，做成团或块状，以提高饵料利用率。动物下脚料最好是煮熟后投喂，在田中水草不足的情况下，一定要添加陆生草类的投喂，夏季要捞掉吃不完的草，以免腐烂影响水质。

定量：日投饵量的确定按前文叙述。

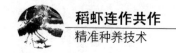

5. 牢记"匀、好、足"

匀：表示一年中应连续不断地投以足够数量的饵料，在正常情况下，前后两次投饵量应相对均匀，相差不大。

好：表示饵料的质量要好，要能满足龙虾生长发育的需求。

足：表示投饵量适当，在规定的时间内龙虾能将饲料吃完，不使龙虾过饥或过饱。

四、投喂时警惕病从口入

首先是注意螺蛳的清洁投喂。

其次是注意对冰鲜鱼的处理（图7.25）。养殖户投喂的冰鲜野杂鱼类几乎没有经过任何处理，野杂鱼中也附带着大量有害细菌、病毒，特别是已经变质的野杂鱼。龙虾在摄食的过程中将有害的病毒和病菌或有毒的重金属或药残带入体内，从而引发病害，常见的如肝脏肿大、肝脏萎缩、糜烂，肠炎、空肠、空胃等。

图7.25 冰鲜鱼一定要注意质量

处理方法：在投喂冰鲜野杂鱼投喂前，可使用大蒜素进行拌料处理来消除其中的有害物质，经过发酵的天然大蒜的杀菌抑菌能力是普通抗生素的5~8倍，无残留，不形成抗性，具体的使用请参考各生产厂家的大蒜素或类似产品的用法与用量。

再次就是在高温季节对颗粒饲料进行相应的处理。在高温时节投喂颗粒饲料时，容易使饲料溶散，不利于龙虾摄食，另外这些没有被及时摄食的饲料沉入田底，一方面造成饵料浪费严重，另一方面则容易造成底质腐败，溶氧缺乏，病毒、病菌容易繁殖，有毒有害物质容易形成，整个养殖环境处于重度污染状态。

处理方法：在投喂饲料前，适当配合环保营养型黏合剂，将饲料包裹后投喂，既能起到诱食促食作用，还能增强营养消化，这样不仅可以降低饵料系数，减轻底质污染，更重要的是能有效控制龙虾病从口入，减少病害的发生。

第八章
水草与栽培

第一节　水草的作用

俗话说，"要想养好虾，应先种好草""虾大小，多与少，看水草"。由此可见，在龙虾的养殖中，水草的多少，在很大程度上决定着龙虾的规格和产量，对养虾成败非常重要，这是因为水草可为龙虾的生长发育提供极为有利的生态环境，提高了苗种成活率和捕捞率，降低了生产成本，对龙虾养殖起着重要的增产增效的作用。据我们对养殖户的调查表明，在稻田田间沟中种植水草的龙虾产量比没有水草的稻田的龙虾产量增产 20% 左右，规格增大 2~3.5 克/只，亩效益增加 100~150 元，因此种草养虾显得尤为重要，在养殖过程中栽植水草是一项不可缺少的技术措施（图 8.1）。

水草在龙虾养殖中的作用具体表现在以下几点：

一、模拟生态环境

龙虾的自然生态环境离不开水草，"虾大小，看水草"，说的就是水草的

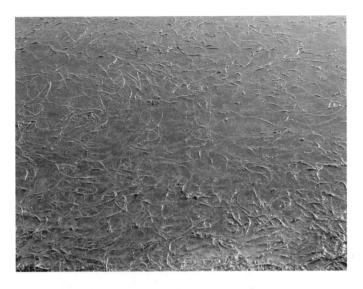

图 8.1　丰茂的水草是养殖龙虾的关键

多寡直接影响龙虾的生长速度和肥满程度；在稻田的田间沟中种植水草可以模拟和营造生态环境，使龙虾产生"家"的感觉，有利于龙虾快速适应环境和快速生长。

二、提供丰富的天然饵料

水草营养丰富，富含蛋白质、粗纤维、脂肪、矿物质和维生素等龙虾需要的营养物质。水草茎叶中往往富含维生素 C、维生素 E 和维生素 B 等，这可以弥补投喂谷物和配合饲料缺乏多种维生素的不足。此外，水草中还含有丰富的钙、磷和多种微量元素，其中钙的含量尤其突出，能够补充虾体对矿物质的需求。另外水草中还含有大量活性物质，龙虾经常食用易于消化的水草，促进胃肠功能的健康运转。而稻田中的水草一方面为龙虾生长提供了大量的天然优质的植物性饵料，弥补了人工饲料不足，降低了生产成本；另一方面龙虾喜食的水草还具有鲜、嫩、脆的特点，便于取食，具有很强的适口

性。同时水草多的地方，赖以水草生存的各种水生小动物、昆虫、小鱼、小虾、软体动物螺、蚌及底栖生物等也随之增加，又为龙虾觅食生长提供了丰富的动物性饵料源（图8.2）。

图 8.2　稻田中的黄丝草

三、净化水质

龙虾喜欢在水草丰富、水质清新的环境中生活，水草通过光合作用，能有效地吸收稻田中的二氧化碳、硫化氢和其他无机盐类，降低水中氨氮，起到增加溶氧、净化、改善水质的作用，使水质保持新鲜、清爽，有利于龙虾快速生长，为龙虾提供生长发育的适宜生活环境。另外，水草对水体的 pH 值也有一定的稳定作用。

四、增加溶氧

通过水草的光合作用，增加水中溶解氧含量，为龙虾的健康生长提供良好的环境保障（图 8.3）。

图 8.3 水草丰富水质清新的地方是养龙虾的首选

五、隐蔽藏身

龙虾只能在水中作短暂的游泳，平时均在水域底部爬行，特别是夜间，常常爬到各种浮叶植物上休息和嬉戏，因此水草是它们适宜的栖息场所。

栽种水草，还可以减少龙虾相互格斗，是提高龙虾成活率的一项有力保证。更重要的是龙虾蜕壳时，喜欢在水位较浅、水体安静的地方进行，因为浅水水压较低，安静可避免惊扰，这样有利于龙虾顺利蜕壳。

在稻田的田间沟中种植水草，形成水底森林，正好能满足龙虾这一生长特性，因此它们常常攀附在水草上，丰富的水草既为龙虾提供安静的环境，又利于龙虾缩短蜕壳时间，减少体能消耗。同时，龙虾蜕壳后成为"软壳虾"，需要几小时静伏不动的恢复期，待新壳渐渐硬化之后，才能开始爬行、游动和觅食。而在这一段时间，软壳虾缺乏抵御能力，极易遭受敌害侵袭，水草可起隐蔽作用，使其同类及老鼠、水蛇等敌害不易发现，减少敌害侵袭而造成的损失（图 8.4）。

图 8.4　这种水草丰盛的地方最适宜养龙虾

六、提供攀附

龙虾有攀爬习性，我们在养殖过程中会经常发现，在闷热的天气或清晨，尤其是阴雨天，只要在稻田四周巡田认真，仔细观察，就见到田间沟中的水葫芦、水花生等的根茎部爬满了龙虾，将头露出水面进行呼吸。此外，水体中的水草不仅为龙虾提供了呼吸攀附物，还可以供龙虾蜕壳时攀缘附着、固定身体，缩短蜕壳时间，减少体力消耗。

七、调节水温

养虾稻田中最适应龙虾生长的水温是 20～30℃，当水温低于 20℃或高于 30℃时，都会使龙虾的活动量减少，摄食欲望下降。如果水温进一步变化，龙虾多数会进入洞穴中穴居，影响它的快速生长。在虾沟中种植水草，在冬天可以为龙虾防风避寒，在炎热夏季水草可为龙虾提供一个凉爽安定的隐蔽、遮阴、歇凉的生长空间，能遮住阳光直射，可以控制虾沟内水温的急剧升高，使龙虾在高温季节也可正常摄食、蜕壳、生长，对提高龙虾成品的规格起重要作用。

八、防病

科研表明，多种水草具有较好的药理作用，例如喜旱莲子草（即水花生）能较好地抑制细菌和病毒，龙虾在轻微得病后，可以自行觅食，自我治疗，效果很好。

九、提高成活率

水草可以扩展立体空间，有利于疏散龙虾密度，防止和减少局部龙虾密度过大而发生格斗和残食现象，避免不必要的伤亡。此外，水草易使水体保持水体清新，增加水体透明度，稳定 pH 值使水体保持中性偏碱，有利于龙虾的蜕壳生长，提高龙虾的成活率。

十、提高品质

龙虾平时在水草上攀爬摄食，虾体易受阳光照射，有利于钙质的吸引沉积，促进蜕壳生长。另一方面，水草特别是优质水草，能促进龙虾的体表的颜色与之相适应，同时也使水质净化，水中污物减少，使养成的龙虾体色光亮，品质提高。另一个方面，龙虾常在水草上活动，能避免它长时间在洞穴中栖居，使龙虾的体色更光亮、更洁净、更有市场竞争力，保证较高的销售价格。

十一、有效防逃

在水草较多的地方，常常富积大量的龙虾喜食的鱼、虾、贝、藻等鲜活饵料，使他们产生安全舒适的家的感觉，一般很少逃逸。因此虾沟内种植丰

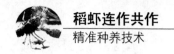

富优质的水草，是防止龙虾逃跑的有效措施（图8.5）。

图8.5　水草处有大量的龙虾喜食的活饵

十二、消浪护坡

种植水草时，具有消浪护坡、防止田埂坍塌的作用。

第二节　水草的种类与种植技巧

水生植物的种类很多，分布较广，在养虾稻田中，适合龙虾需要的种类主要有苦草、轮叶黑藻、金鱼藻、水花生、浮萍、伊乐藻、眼子菜、青萍、槐叶萍、满江红、簀藻、水车前、空心菜等。下面简要介绍几种常用水草的特性。

一、伊乐藻

1. 伊乐藻的优点

伊乐藻原产美洲，是一种优质，速生、高产的沉水植物，具有鲜、嫩、脆的特点，是龙虾优良的天然饲料。伊乐藻的优点是发芽早，长势快，它的叶片较小，不耐高温，只要水面无冰即可栽培，水温5℃以上即可萌发，10℃即开始生长，15℃时生长速度快，当水温达30℃以上时，生长明显减弱，藻叶发黄，部分植株顶端会发生枯萎。在寒冷的冬季能以营养体越冬，在早期其他水草还没有长起来的时候，只有它能够为龙虾生长、栖息、蜕壳和避敌提供理想场所。伊乐藻植株鲜嫩，叶片柔软，适口性好，其营养价值明显高于苦草、轮叶黑藻，是龙虾喜食的优质饲料，非常适应龙虾的生长。伊乐藻在长江流域通常以4—5月和10—11月生物量达最高（图8.6）。

图8.6 伊乐藻

2. 伊乐藻的缺点

伊乐藻的缺点是不耐高温，而且生长旺盛。当水温达到30℃时，基本停止生长，也容易臭水，因此这种水草的覆盖率应控制在20%以内，养殖户可以把它作为过渡性水草进行种植。

3. 伊乐藻的种植和管理

（1）栽前准备

田间沟清整：排干田间沟里的水，每亩用生石灰 150～200 千克化水趁热全田泼洒，清野除杂，并让沟底充分冻晒半个月，同时做好稻田的修复整理工作。

注水施肥：栽培前 5～7 天，注水 30 厘米左右深，进水口用 60 目筛绢进行过滤，每亩施腐熟粪肥 300～500 千克，既作为栽培伊乐藻的基肥，又可培肥水质（图 8.7）。

图 8.7　栽草前要对稻田作适当处理

（2）栽培时间

根据伊乐藻的生理特征以及生产实践的需要，我们建议栽培时间宜在 11月至翌年 1 月中旬，气温 5℃以上即可。如冬季栽插须在成虾捕捞后或龙虾入洞冬眠后进行，抽干田间沟里的水，让沟底充分冻晒一段时间，再用生石灰、茶子饼等药物消毒后进行。如果是在春季栽插应事先将虾种用网圈养在稻田的一角，等水草长至 15 厘米时再放开，否则栽插成活后的嫩芽能被虾种吃掉，或被虾用螯掐断，甚至连根拔起。

（3）栽培方法

沉栽法：每亩用 15～25 千克的伊乐藻种株，将种株切成 20～25 厘米米长的段，每 4－5 段为一束，在每束种株的基部黏上有一定黏度的软泥团，撒播于沟中，泥团可以带动种株下沉着底，并能很快扎根在泥中（图 8.8）。

图 8.8　正在沉栽伊乐藻

插栽法：一般在冬春季进行，每亩的用量与处理方法同上，把切段后的草茎放在生根剂的稀释液中浸泡一下，然后像插秧一样插栽，栽培时栽得宜少，但距离要拉大，株行距为 1 米×1.5 米。插入泥中 3～5 厘米，泥上留 15～20 厘米。栽插初期保持水位以插入伊乐藻刚好没头为宜，待水草长满后逐步提高水位（图 8.9）。

踩栽法：伊乐藻生命力较强，在稻田中种株着泥即可成活。每亩的用量

图 8.9　水草的行距和株距

与处理方法同上，把它们均匀撒在田间沟里，水位保持在 5 厘米左右，然后用脚轻轻踩一踩，让它们粘着泥就可以了，10 天后加水（图 8.10）。

图 8.10　正在踩栽伊乐藻

（4）管理

水位调节：伊乐藻宜栽种在水位较浅处，栽种后 10 天就能生出新根和嫩芽，3 月底就能形成优势种群。平时可按照逐渐增加水位的方法加深田水，至盛夏水位加至最深。一般情况下，可按照"春浅、夏满、秋适中"的原则调节水位。

投施肥料：在施好基肥的前提下，还应根据稻田的肥力情况适量追施肥料，以保持伊乐藻的生长优势。

控温：伊乐藻耐寒不耐热，高温天气会断根死亡，后期必须控制水温，以免伊乐藻死亡导致大面积水体污染。

控高：伊乐藻有一个特性就是当它一旦露出水面后，它会折断而死亡，败坏水质，因此不要让它疯长，方法是在 5—6 月不要加水太高，应慢慢地控制在 60～70 厘米，当 7 月水温达到 30℃，伊乐藻不再生长时再加水位到 120 厘米。

二、苦草

在稻田的田间沟中种植苦草有利于观察饵料摄食，监控水质。

1. 苦草的特性

苦草又称为扁担草、面条草，是典型的沉水植物，高 40～80 厘米。地下根茎横生。茎方形，被柔毛。叶纸质，卵形，对生，叶片长 3～7 厘米，宽 2～4 厘米，先端短尖，基部钝锯齿。苦草喜温暖，耐荫蔽，对土壤要求不严，野生植株多生长在林下山坡、溪旁和沟边。含较多营养成分，具有很强的水质净化能力，在我国广泛分布于河流、湖泊等水域，分布区水深一般不超过 2 米，在透明度大，淤泥深厚，水流缓慢的水域，苦草生长良好。3—4 月，水温升至 15℃ 以上时，苦草的球茎或种子开始萌芽生长。在水温 18～

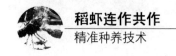

22℃时，经 4 ~ 5 天发芽，约 15 天出苗率可达 98% 以上。苦草在水底分布蔓延的速度很快，通常 1 株苦草 1 年可形成 1 ~ 3 平方米的群丛。6—7 月是苦草分蘖生长的旺盛期，9 月底至 10 月初达最大生物量，10 月中旬以后分蘖逐渐停止，生长进入衰老期（图 8.11）。

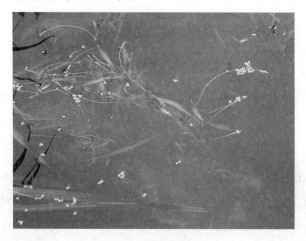

图 8.11　苦草

2. 苦草的优缺点

苦草的优点是龙虾喜食、耐高温、不臭水；缺点是容易遭到破坏，特别是高温期给龙虾喂食改口季节，如果不注意保护，破坏十分严重。有些以苦草为主的养殖水体，在高温期不到一个星期苦草全部被龙虾夹光，养殖户捞草都来不及。如捞草不及时的水体，甚至出现水质恶化，有的水体发臭，出现"臭绿莎"，继而引发龙虾大量死亡。

3. 苦草的栽培与管理

（1）栽种前准备

田间沟清整：排干田间沟里的水，每亩用生石灰 150 ~ 200 千克化水趁热全田泼洒，清野除杂，并让田底充分冻晒半个月，同时做好田间沟的修复整理工作。

注水施肥：栽培前 5~7 天，注水 30 厘米左右深，进水口用 60 目筛绢进行过滤，每亩施草皮泥、人畜粪尿与磷肥混合至 1 000~1 500 千克作基肥，和土壤充分拌匀待播种，既作为栽培苦草的基肥，又可培肥水质。

草种选择：选用的苦草种应籽粒饱满、光泽度好，呈黑色或黑褐色，长度 2 毫米以上，最大直径不小于 0.3 毫米，以天然野生苦草的种籽为好，可提高子一代的分蘖能力。

浸种：选择晴朗天气晒种 1~2 天，播种前，用稻田里的清水浸种 12 小时。

（2）栽种时间

有冬季种植和春季种植两种，冬季播种时常常用干播法，应利用稻田清整曝晒的时机，将苦草种籽撒于沟底，并用耙耙匀；春季种植时常常用湿播法，用潮湿的泥团包裹草籽扔在沟底即可。

（3）栽种方法

播种：播种期在 4 月底至 5 月上旬，当水温回升至 15℃ 以上时播种，用种量（实际种植面积）15~30 克/亩。直接种在田间沟的表面上，播种前向沟中加新水 3~5 厘米深，最深不超过 20 厘米。大水面应种在浅滩处，水深不超过 1 米，以确保苦草能进行充分的光合作用。选择晴天晒种 1~2 天，然后浸种 12 小时，捞出后搓出果实内的种子。清洗掉种子上的黏液，将种子与半干半湿的细土或细沙（按 1:10）混合撒播，采条播或间播均可，下种后薄盖一层草皮泥，并盖草，淋水保湿以利于种子发芽。搓揉后的果实其中还有很多种子未搓出，也撒入沟中。在正常温度 18℃ 以上，播种后 10~15 天即可发芽。幼苗出土后可揭去覆盖物。

插条：选苦草的茎枝顶梢，具 2~3 节，长约 10~15 厘米作插穗。在 3—

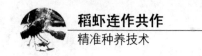

4月或7—8月按株行距20厘米×20厘米斜插。一般约一周即可长根，成活率达80%~90%。

移栽：当苗具有两对真叶，高7~10厘米时移植最好。定植密度株行距25厘米×30厘米或26厘米×33厘米。定植地每亩施基肥2 500千克，用草皮泥、人畜粪尿、钙镁磷混合混料最好。还可以采用水稻"抛秧法"将苦草秧抛在田间沟。

（4）管理

水位控制：种植苦草时前期水位不宜太高，太高了由于水压的作用，会使草籽漂浮起来而不能发芽生根。苦草在水底蔓延的速度很快，为促进苦草分蘖，抑制叶片营养生长，6月上旬以前，稻田水位控制在10厘米以下，只要能满足秧苗和龙虾的正常生长发育所需的水位，应该尽可能地降低水位，6月下旬稻田水位加至20厘米左右，此时苦草已基本在田间沟中生长良好，以后的水位按正常的养殖管理进行。

密度控制：如果水草过密时，要及时去头处理，以达到搅动水体、控制长势、减少缺氧的作用。

肥度控制：分期追肥4~5次，生长前期每亩可施稀粪尿水500~800千克，后期可施氮、磷、钾复合肥或尿素。

加强饲料投喂：当正常水温达到10℃以上时就要开始投喂一些配合饲料或动物性饲料，以防止苦草芽遭到破坏。当高温期到来时，在饲料投喂方面不能直接改口，而是逐步地减少动物性饲料的投喂量，增加植物性饲料的投喂量，以让龙虾有一个适应过程。但是高温期间也不能全部停喂动物性饲料，而是逐步将动物性饲料的比例降至日投喂量的30%左右。这样，既可保证龙虾的正常营养需求，也可防止水草过早遭到破坏。

捞残草：每天巡查稻田时，经常把漂在水面的残草捞出沟外，以免破坏水质，影响沟底水草光合作用（图8.12）。

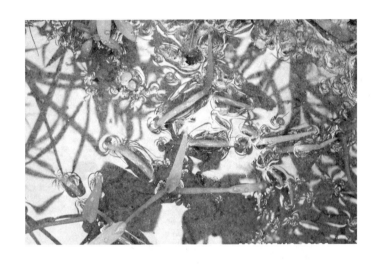

图 8.12　苦草在稻田里生长良好

三、轮叶黑藻

1. 轮叶黑藻的特性

轮叶黑藻，又名节节草、温丝草，因每一枝节均能生根，俗有"节节草"之称，是多年生沉水植物，茎直立细长，长 50～80 厘米，叶带状披针形，广布于池塘、湖泊和水沟中。冬季为休眠期，水温 10℃以上时，芽苞开始萌发生长，前端生长点顶出其上的沉积物，茎叶见光呈绿色，同时随着芽苞的伸长在基部叶腋处萌生出不定根，形成新的植株。轮叶黑藻的再生能力特强，待植株长成又可以断枝再植。轮叶黑藻可移植也可播种，栽种方便，并且枝茎被龙虾夹断后还能正常生根长成新植株而不会死亡，不会对水质造成不良影响，而且龙虾也喜爱采食。因此，轮叶黑藻是龙虾养殖水域中极佳的水草种植品种。

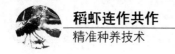
2. 轮叶黑藻优点

喜高温、生长期长、适应性好、再生能力强，龙虾喜食，适合于光照充足的稻田、池塘及大水面播种或栽种。轮叶黑藻被龙虾夹断后能节节生根，生命力极强，不会败坏水质（图8.13）。

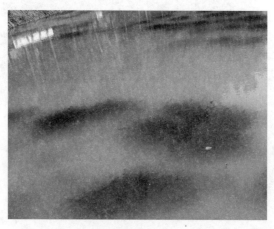

图 8.13　轮叶黑藻

3. 轮叶黑藻的种植和管理

（1）栽前准备

田间沟清整：排干田间沟里的水，每亩用生石灰 150～200 千克化水趁热全田泼洒，清野除杂，并让沟底充分冻晒半个月，同时做好稻田的修复整理工作。

注水施肥：栽培前 5～7 天，注水 30 厘米左右深，进水口用 60 目筛绢进行过滤，每亩施粪肥 400 千克作基肥。

（2）栽培时间

大约在 6 月中旬为宜。

（3）栽培方法

移栽：将田间沟留10厘米的淤泥，注水至刚没泥。将轮叶黑藻的茎切成15~20厘米小段，然后像插秧一样，将其均匀地插入泥中，株行距20厘米×30厘米。苗种应随取随栽，不宜久晒，一般每亩用种株50~70千克。由于轮叶黑藻的再生能力强，生长期长，适应性强，生长快，产量高，利用率也较高，最适宜在稻田中种植。

枝尖插杆插植：轮叶黑藻有须状不定根，在每年的4—8月，处于营养生长阶段，枝尖插植3天后就能生根，形成新的植株。

芽苞种植：每年的12月到翌年3月是轮叶黑藻芽苞的播种期，应选择晴天播种，播种前向田间沟加注新水10厘米，每亩用种500~1 000克，播种时应按行、株距50厘米将芽苞3~5粒插入泥中，或者拌泥沙撒播。当水温升至15℃时，5~10天开始发芽，出苗率可达95%。

整株种植：在每年的5—8月，天然水域中的轮叶黑藻已长成，长达40~60厘米，每亩田间沟一次放草100~200千克，一部分被龙虾直接摄食，一部分生须根着泥存活。

（4）加强管理

水质管理：在轮叶黑藻萌发期间，要加强水质管理，水位慢慢调深，同时多投喂动物性饵料或配合饲料，减少龙虾食草量，促进须根生成。

及时除青苔：轮叶黑藻常常伴随着青苔的发生，在养护水草时，如果发现有青苔滋生时，需要及时消除青苔，具体的清除清苔的方法请见前文。

四、金鱼藻

1. 金鱼藻的特性

金鱼藻，又称为狗尾巴草，是沉水性多年生水草，全株深绿色。长20~

40余厘米，群生于池塘、水沟、稻田、小河、温泉流水及水库中，是龙虾的极好饲料。

2. 金鱼藻的优缺点

优点是耐高温、再生能力强、柔软性好、虾喜食；缺点是特别旺发，容易臭水。

3. 金鱼藻的种植和管理

金鱼藻的栽培有以下几种方法：

（1）全草移栽

在每年10月份以后，待成虾基本捕捞结束后，可从湖泊或河沟中捞出全草进行移栽，用草量一般为每亩50~100千克。这个时候进行移栽，因为没有龙虾的破坏，基本不需要进行专门的保护。

（2）浅水移栽

这种方法宜在虾种放养之前进行，移栽时间在4月中下旬，或当地水温稳定通过11℃即可。首先浅灌沟水，将金鱼藻切成小段，长度约10~15厘米，然后像插秧一样，均匀地插入沟底，亩栽10~15千克（图8.14）。

图8.14　金鱼藻栽前准备

（3）深水栽种

水深 1.2~1.5 米，金鱼草藻的长度留 1.2 米，水深 0.5~0.6 米，草茎留 0.5 米。准备一些手指粗细的棍子，棍子长短视水深浅而定，以齐水面为宜。在棍子入土的一头离 10 厘米处用橡皮筋绑上 3~4 根金鱼藻，每蓬嫩头不超过 10 个，分级排放。一般栽插密度为 1 米×1 米栽 1 蓬（图 8.15）。

图 8.15　水草的密度要合适

（4）栽培管理

水位调节：金鱼藻一般栽在深水与浅水交汇处，水深不超过 2 米，最好控制在 1.5 米左右。

水质调节：水清是水草生长的重要条件。水体浑浊，不宜水草生长，建议先用生石灰调节，将水调清，然后种草。

及时疏草：当水草旺发时，要适当把它稀疏，防止其过密后无法进行光合作用而出现死草臭水现象。可用镰刀割除过密的水草，然后及时捞走。

清除杂草：当水体中着生大量的水花生时，应及时将它们清除，以防止影响金鱼藻等水草的生长。

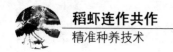
五、水花生

水花生是挺水植物，水生或湿生多年生宿根性草本，茎长可达 1.5~2.5 米，其基部在水中匍生蔓延，原产于南美洲，我国长江流域各省水沟、水塘、湖泊均有野生。水花生适应性极强，喜湿耐寒，适应性强，抗寒能力也超过水葫芦和水雍菜等水生植物，能自然越冬，气温上升到 10℃ 时即可萌芽生长，最适气温为 22~32℃。5℃ 以下时水上部分枯萎，但水下茎仍能保留在水下不萎缩（图 8.16）。

图 8.16 水花生

在移栽时用草绳把水花生捆在一起，形成一条条的水花生柱，平行放在田间沟的四周。许多龙虾会长期呆在水花生下面，因此要经常翻动水花生，一是让水体能动起来，二是防止水花生的下面发臭，三是减少龙虾的隐蔽，促进生长。

六、水葫芦

是一种多年生宿根浮水草本植物，高约 0.3 米，在深绿色的叶下，有一个直立的椭圆形中空的葫芦状茎，因它浮于水面生长，又叫水浮莲。又因其在根与叶之间有一像葫芦状的大气泡又称水葫芦。水葫芦茎叶悬垂于水上，蘖枝匍匐于水面。花为多棱喇叭状，花色艳丽美观。叶色翠绿偏深。叶全缘，光滑有质感。须根发达，分蘖繁殖快，管理粗放，是美化环境、净化水质的良好植物。喜欢在向阳、平静的水面，或潮湿肥沃的边坡生长。在日照时间长、温度高的条件下生长较快，受冰冻后叶茎枯黄。每年4月底至5月初在历年的老根上发芽，至年底霜冻后休眠。水葫芦喜温，在0~40℃的范围内均能生长，13℃以上开始繁殖，20℃以上生长加快，25~32℃生长最快，35℃以上生长减慢，43℃以上则逐渐死亡。

由于水葫芦对其生活的水面采取了野蛮的封锁策略，挡住阳光，导致水下植物得不到足够光照而死亡，破坏水下动物的食物链，导致水生动物死亡。此外，水葫芦还有富集重金属的能力，死后腐烂体沉入水底形成重金属高含量层，直接杀伤底栖生物。因此有专家将它列为有害生物，所以我们在养殖龙虾时，可以利用，但一定要掌握度，不可过量（图8.17和图8.18）。

图8.17　水葫芦

图 8.18　龙虾爬在水葫芦上

在水质良好、气温适当、通风较好的条件下株高可长到 50 厘米，一般可长到 20～30 厘米，可在沟中用竹竿、草绳等隔一角落，进行培育。一旦当水葫芦生长得过快，沟中过多过密时，就要立即清理。

七、其他的常用水草

我们在利用稻田环境进行稻虾连作时，可以利用的水草还很多，一定要因地制宜，充分利用好当地稻田里的水草资源，其他可利用的水草还有水芋、慈菇、水车前、芨芨草、水蕹等（图 8.19 至图 8.23）。

图 8.19　慈菇也是不错的水草选择

图 8.20　水车前也是稻田养殖常用的水生植物

253

图 8.21　茇茇草也是龙虾爱吃的水草

图 8.22　水薤是稻田养虾比较适宜的水草

图 8.23　水芋既是龙虾的隐藏处，也是优质的农产品

第三节　水草的养护

　　水草不仅是龙虾不可或缺的植物性饵料，而且为龙虾的栖息、蜕壳、躲避敌害提供良好的场所，更重要的是水草在调节养殖稻田水质、保持水质清新、改善水体溶氧状况上作用重大。然而，目前许多龙虾养殖户对于水草，只种不管，认为水草这种东西在野外环境中到处生长，不需要加强管理，其实这种观念是错误的。如果对水草不加强管理的话，不但不能正常发挥水草作用，而且一旦水草大面积衰败时会大量沉积在稻田和沟底，然后就是腐烂变质，极易污染水质，进而造成龙虾死亡。

一、水草老化的处理

　　水草老化时的体现：一是污物附着水草，叶子发黄；二是草头贴于水面上，经太阳暴晒后停止生长；三是伊乐藻等水草老化比较严重，出现了水草

下沉、腐烂的情况。水草老化对龙虾养殖的影响就是败坏水质、底质，从而影响龙虾的生长（图8.24）。

图8.24　水草开始老化并下沉

水草老化的处理方法：一是对于老化的水草要及时进行"打头"或"割头"处理；二是促使水草重新生根、促进生长，可通过施加肥料或生化肥等方面来达到目的。

二、水草过密的处理

水草过密对龙虾造成的影响主要是过密的水草会封闭整个稻田田间沟的表面，造成田间沟内部缺少氧气和光照，从而造成整个稻田的龙虾产量下降，规格降低，龙虾甚至会因缺氧而死亡。

水草过密的处理方法：一是对过密的水草强行打头或刈割，从而起到稀疏水草的效果；二是对于生长旺盛、过于茂盛的水草要进行分块，一般5~6米打一宽2米的通道以加强水体间上、下水层的对流及增加阳光的照射，有利于水体中有益藻类及微生物的生长，还有利于龙虾的行动、觅食，增加龙虾的活动空间（图 8.25 和图 8.26）。

图 8.25　过密的水草

图 8.26　将过密的水草打捞到岸边

三、水草过稀的处理

一是由水质老化浑浊而造成的水草过稀，水草上附着大量的黏滑浓稠的

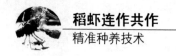

污泥物，这些污泥物在水草的表面阻断了水草利用光能进行光合作用的途径，从而阻碍了水草的生长发育。

处理方法：一是换注新水，促使水质澄清；二是先清洗水草表面的污泥，然后再用促使水草重新生根、促进生长。

二是由于水草根部腐烂、霉变而引起的过稀，进而使整株水草枯萎、死亡。

处理方法：一是对已经死亡的水草，要及时捞出，减少对龙虾和稻田的污染；二是用药物对已腐烂、霉变的水草进行氧化分解，达到抑制、减少有害气体及有害菌的作用，从而保护健康水草根部不受侵蚀腐烂、霉变。

三是由水草的病虫害而引起的过稀，飞虫将自己的受精卵产在水草上孵化。这些孵化出来的幼虫需要能量和营养，水草便是最好的能量和营养载体，这些幼虫通过噬食水草来获取营养，导致水草慢慢枯死，从而造成水草稀疏。

处理方法：只能以预防为主，可用经过提取的大蒜素制剂与食醋混合后喷洒在水草上，能有效驱虫和溶化分解虫卵。

四是由龙虾割草而引起的过稀。所谓龙虾割草就是龙虾用大螯把水草夹断，就像人工用刀割的一样，养殖户把这种现象就叫龙虾割草（图 8.27）。

图 8.27　龙虾割草造成水草过稀

处理方法：稻田里如果有少量龙虾割草属于正常现象，如果在投喂后这种现象仍然存在，这时可根据稻田的实际情况合理投放一定数量的螺蛳，有条件的尽量投放仔螺蛳。

稻田里如果龙虾大量割草，那就不正常了，可能龙虾是饲料不足或者龙虾开始发病的征兆。这时应采取措施：一是针对饲料不足时可多投喂优质饲料；二是配合施用追肥，来达到肥水培藻的目的，也可使用市售的培藻产品来按说明泼洒，以达到培养藻类的效果。

四、控制水草疯长的处理

随着水温的渐渐升高，田间沟里的水草生长速度也不断加快，在这个时期，如果田间沟中水草没有得到很好的控制，就会出现疯长现象。而且疯长后的水草会出现腐烂现象，直接导致水质变坏，水中严重缺氧，将给龙虾养殖造成严重危害。

图 8.28　缓慢加深水位来控制水草的生长

对水草疯长的稻田，可以采取多种措施加以控制。一是人工清除。这个方法是比较原始的，劳动力也大，但是效果好。具体措施就是随时将漂浮的水草及腐烂的水草捞出，对于沟中生长过多过密的水草可以用刀具割除，每

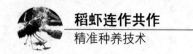

次水草的割除量控制在水草总量的 1/3 以下。二是缓慢加深水位。一旦发现沟中的水草生长过快时，这时应加深水位让草头没入水面 30 厘米以下，通过控制水草的光合作用来达到抑制生长的目的。在加水时，应缓慢加入，让水草有个适应的过程，不能一次加得过多，否则会发生死草并腐烂变质的现象，从而导致水质恶化（图 8.28）。

第九章
龙虾的病害防治

由于龙虾的适应性和抗病能力都很强，因此目前发现的疾病较少，常见的病和河蟹、青虾、罗氏沼虾等甲壳类动物疾病相似。

第一节　龙虾疾病的预防措施

龙虾疾病防治应本着"防重于治、防治相结合"的原则，贯彻"全面预防、积极治疗"的方针。目前常用的预防措施和方法有以下几点。

一、稻田处理

龙虾进虾沟前都要对稻田，尤其是虾沟进行消毒处理，消毒方法可采用前面介绍的方法进行。

二、加强饲养管理

龙虾生病，可以说大多数是由于饲养管理不当引起的。所以加强饲养管理，改善水质环境，做好"四定"的投饲技术是防病的重要措施之一。

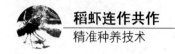

定质：饲料新鲜清洁，不喂腐烂变质的饲料（图9.1）。在龙虾养殖过程中，投喂不清洁或腐烂的饲料，有可能将致病菌带入稻田中，因此对饲料进行消毒，可以提高龙虾的抗病能力。青饲料如南瓜、马铃薯等要洗净切碎后方可投喂；配合饲料以一个月喂完为宜，不能有异味；小鱼小虾要新鲜投喂，时间过久，要用高锰酸钾消毒后方可投饲。

图9.1　饲料要清洁

定量：根据不同季节、气候变化、龙虾食欲反应和水质情况适量投饵。

定时：投饲要有一定时间。

定点：设置固定饵料台，可以观察龙虾吃食，及时查看龙虾的摄食能力及有无病症，同时也方便对食场进行定期消毒。

三、控制水质

龙虾水源，一定要杜绝和防止引用工厂废水，使用符合要求的水源。定期换冲水，保持水质清洁，减少粪便和污物在水中腐败分解释放有害气体，调节稻田水质。可定期用生石灰全田泼洒，或定期洒光合细菌，消除水体中的氨氮、亚硝酸盐、硫化氢等有害物质，保持田水的酸碱度平衡和溶氧水平，使水体中的物质始终处于良性循环状态，解决水质老化等问题（图9.2和图9.3）。

图9.2　虾病检疫室，对水体和病害进行检查

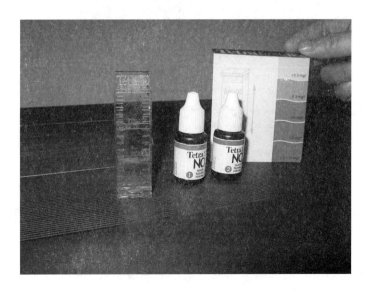

图9.3　测试水质与比色板比较

四、做好药物预防

1. 龙虾消毒

在龙虾投放前，最好对虾体进行科学消毒，常用方法有 3 ~ 5 的食盐水浸洗 5 分钟。

生产实践证明，即使是体质健壮的虾种，或多或少都带有各种病原菌，尤其是从外地运来的龙虾苗种。放养未经消毒处理的龙虾苗种，容易把病原体带进稻田，一旦条件适宜，便大量繁殖而引发疾病。因此，在放养前将龙虾苗种浸洗消毒，是切断传播途径、控制或减少疾病蔓延的重要技术措施。药浴的浓度和时间，根据不同的养殖种类、个体大小和水温灵活掌握（图9.4）。

图 9.4　虾种在入田前要集中消毒处理

食盐：这是苗种消毒最常用的方法，配制盐浓度为 3 ~ 5，洗浴 10 ~ 15 分钟，可以预防烂鳃病、指环虫病等（图9.5）。

图 9.5　食盐

漂白粉：浓度为 15 毫克/升，浸洗 15 分钟，可预防细菌性疾病。

高聚碘：浓度为 50 毫克/升，洗浴 10～15 分钟，可预防寄生虫性疾病。

高锰酸钾：在水温 5～8℃时，浓度为 20 克/米^3，浸洗 3～5 分钟，用来杀灭龙虾体表上的寄生虫和细菌。

2. 工具消毒

日常用具应经常曝晒和定期用高锰酸钾、敌百虫溶液或浓盐开水浸泡消毒。尤其是接触病虾的用具，更要隔离消毒专用（图 9.6 和图 9.7）。

在发病的稻田中用过的工具，如桶、木瓢、斗箱、各种网具等必须消毒。其方法是小型工具放在较高浓度的生石灰或漂白粉溶液或 10 克/米^3 的硫酸铜水溶液中浸泡 10 分钟，大型工具可放在太阳下晒干后使用。

图9.6　待栽的水草最好先集中在一起进行预处理

图9.7　栽草的工具也要进行预处理

五、改良生态环境

主要是提供龙虾所需要的水草或洞穴等：一是人工栽草；二是利用自然水草；三是利用水稻秸秆等。既模拟了龙虾自然生长环境，提供龙虾栖息、蜕壳、隐蔽场所，又能吸收水中不利于龙虾生长的氨、氮、硫化氢等，起到改善水质、抑止病原菌大量滋生、减少发病机会的作用（图 9.8）。

图 9.8 要充分利用水稻秸秆来改良生态环境

六、积极预防春季龙虾的死亡

我们在几年的稻虾连作共作精准种养的生产过程中发现，养殖期间尤其是从 3 月开始往往会出现大虾与小虾同时死亡的问题，而且死亡的数量也非常大。如果技术不到位，一旦控制不住就会对开春后的稻虾连作生产造成影响，最直接的影响就是稻田里没有可养之虾了，会造成产量的锐减。

经过现场调查和综合分析，我们认为造成春季龙虾大量死亡的原因主要

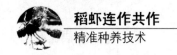

有三点：一是正常死亡。无论是在池塘养殖还是在稻虾连作模式中，龙虾经过漫长的越冬，体内脂肪消耗非常大，一些大虾的体质差，它们的活动能力也减弱，有些大的亲虾个体本身已接近生命的终结，会逐渐死亡，这些都是自然现象，属于正常死亡。采取的对策就是在春天到来时，龙虾已经活动了，这时就用地笼进行张捕，并送上餐桌，由于这时候的龙虾个体大且市场数量少，因此价格是一年中最高的，可以及时回收部分资金。例如 2015 年的春节过后，龙虾开始上市，此时的价格非常高，规格为 25 只/千克的龙虾，田头的收购价格达到 86 元/千克。

二是水质恶化造成的死亡。一旦发现有小虾或中等虾死亡时，这时就要对所有的虾进行观察，如果发现伴随有大虾死亡的现象时，这时可能就是田间沟里的水质发生恶化了。通常先用肉眼观察，然后再用专业仪器对水质进行检测。在用肉眼观察时，如果发现稻田里的水位较浅，由于水草等经过一个冬天的腐烂，导致水色发黑，这表明稻田里的水体已经没有自我净化能力，水质已经变坏了。采取的对策一是及时泼洒生石灰或磷酸二氢钙来改良水质；二是及时换水或者冲水进入虾沟内来缓解水质的恶化（图 9.9）。

图 9.9　水质恶化造成龙虾死亡

三是营养不良、蜕壳不遂造成的死亡。尤其是那些在秋季没有好好喂养的龙虾，它们体内贮存的能量不足以维持冬眠所需，导致它们在冬眠后营养不良，体色发黑，蜕壳不遂而死亡。正常生长情况下苗种期间 3～5 天蜕壳一次，成虾 15～20 天蜕壳一次，蜕壳不遂死亡原因与营养素钙缺乏有很大关系。应采取的对策有：一是在饲料中添加蜕壳素；二是及时泼洒生石灰或磷酸二氢钙。

四是自相残杀造成的死亡（图 9.10）。有些地方环沟中虾苗规格达到 4～5 厘米的时，亲虾还没有捕捞，在春季虾的食欲大开时，如果投喂量不足时，这些龙虾就会出现互相残食现象。采取的对策就是，当环沟内出现小苗脱离母体后，要及时捕捞亲虾，提高虾苗成活率。

图 9.10　虾的密度过高会造成龙虾死亡

第二节　龙虾主要疾病及防治

龙虾比河蟹、青虾等水产品抗病能力强，但是在人工养殖条件下，其病

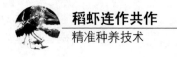

害防治不可掉以轻心。

在防治上应注意：一要对症；二要按量；三要有耐心，一般用药后 3~5 天才能见效；四是外用和内服必须双管齐下，相互结合，在治疗的同时必须内服补充保肝促长灵、虾蟹多维、健长灵等恢复、增强体力的产品；五是先杀虫后灭菌消毒。

一、黑鳃病

1. 症状

鳃受感染变为黑色，引起鳃萎缩，病虾往往行动迟缓，伏在岸边不动，最后因呼吸困难而死（图9.11）。

图9.11　黑鳃病

2. 防治

放养前彻底用生石灰消毒，经常加注新水、保持水质清新。

保持饲养水体清洁，溶氧充足，水体定期洒一定浓度的生石灰，进行水质调节。

把患病虾放在每立方水体 3～5 的食盐中浸洗 2～3 次，每次 3～5 分钟。

用生石灰 15～20 克/米³ 全虾沟泼洒，连续 1～2 次。

用二氧化氯 0.3 毫克/升浓度全虾沟泼洒消毒，并迅速换水。

二、烂鳃病

1. 症状

鳃丝发黑、局部霉烂，造成鳃丝缺损，排列不整齐，严重时引起病虾死亡。

2. 防治

经常清除虾沟中的残饵、污物，注入新水，保持良好的水体环境，保持水体中溶氧在 4 毫克/升以上，避免水质被污染。

种植水草或放养绿萍等水生植物。彻底换水，使水质变清、变爽，如若不能大量换水，则使用水质改良剂进行水质改良。

用二氯海因 0.1 毫克/升或溴氯海因 0.2 毫克/升全虾沟泼洒，隔天再用一次，可以起到较好的治疗效果。

三、肠炎病

1. 症状

病虾刚开始时食欲旺盛，肠道特粗，隔几天后摄食减少或拒食，肠道发炎、发红且无粪便，有时肝、肾、鳃亦会发生病变（图 9.12）。

2. 预治

① 要根据龙虾的习性来投喂，饵料要多样性、新鲜且易于消化，投饵要

图 9.12　肠炎死亡的龙虾

科学性，要全田均匀投喂。

② 在饲料中经常添加复合维生素（VC + E + K）、免疫多糖、葡萄糖等，增强龙虾的抗病能力。

③ 在饵料中拌服肠炎消或恩诺沙星，3～5 天为一疗程。

④ 在饲料中定期拌服适量大蒜素或复方恩诺沙星粉或中药菌毒杀星，5～7 天为一疗程。

⑤ 在平均水深为 1 米的虾塘，外用泼洒二溴海因 0.2 毫克/升或聚维酮碘 250 毫升/亩。

四、甲壳溃烂病

1. 症状

病虾甲壳局部出现颜色较深的斑点，严重时斑点边缘溃烂、出现较大或较多空洞导致病虾内部感染，甚至死亡。

2. 防治

动作轻缓，减少损伤，运输和投放虾苗虾种时，不要堆压和损伤虾体。

饲料要充足供应，防止龙虾因饵料不足相互争食或残杀。

每亩用 5~6 千克的生石灰全虾沟泼洒。

发病稻田用 2 毫克/升漂白粉全田泼洒，同时在饲料中添加金霉素 1~2 克/千克饲料，连续 3~5 天为一个疗程。

五、烂尾病

1. 症状

病虾尾部有水泡，边缘溃烂、坏死或残缺不全，随着病情的恶化，溃烂由边缘向中间发展，严重感染时，病虾整个尾部溃烂掉落。

2. 防治

运输和投放虾苗虾种时，不要堆压和损伤虾体。

饲养期间饲料要投足、投匀，防止虾因饲料不足相互争食或残杀。

每立方米水体用茶粕 15~20 克浸液全虾沟泼洒。

每亩水面用强氯精等消毒剂化水全虾沟泼洒，病情严重的连续两次，中间间隔一天。

六、出血病

1. 症状

病虾体表布满了大小不一的出血斑点，特别是附肢和腹部，肛门红肿，一旦染病，很快就会死亡。

2. 防治

发现病虾要及时隔离，并对虾沟水体整体消毒，水深 1 米的沟，用生石灰 25~20 千克/亩全沟泼洒，最好每月泼洒一次。

内服药物用盐酸环丙沙星按 1.25~1.5 克/千克拌料投喂，连喂 5 天。

七、纤毛虫病

1. 症状

累枝虫和钟形虫等纤毛虫附着在虾或受精卵的体表、附肢、鳃上，妨碍虾的呼吸、游泳、活动、摄食和蜕壳，影响生长发育，病虾行动迟缓，对外界刺激无敏感反应，大量附着时，会引起虾缺氧而窒息死亡（图 9.13 和图 9.14）。

图 9.13　纤毛虫病

图 9.14　龙虾身上长满纤毛虫

2. 防治

彻底消毒，杀灭田中的病原，经常加注新水，保持水质清新。

用硫酸铜、硫酸亚铁（5：2）0.7克/米³ 全虾沟泼洒。

用 3～5 的食盐水浸洗，3～5 天为一个疗程。

用 25～30 毫克/升的福尔马林溶液浸洗 4～6 小时，连续 2～3 次。

用 20～30 克/米³ 生石灰全虾沟泼洒，连续 3 次，使水体透明度提高到 40 厘米以上。

用甲壳净、甲壳尽等药物按制造商说明书使用。

八、烂肢病

1. 症状

病虾腹部及附肢腐烂，肛门红肿，摄食量减少甚至拒食，活动迟缓，严重者会死亡。

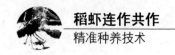

2. 防治

在捕捞、运输、放养等过程中要小心，不要让虾受伤。

放养前用盐浓度 3 ~ 5 的盐水浸泡数分钟。

发病后用生石灰 10 ~ 20 克/米³ 全虾沟泼洒，连施 2 ~ 3 次。

九、水霉病

1. 症状

病虾伤口部位长有棉絮状菌丝，虾体消瘦乏力，行动迟缓，摄食减少，伤口部位组织溃烂蔓延，严重导致死亡。

2. 防治

在捕捞、运输、放养等操作过程中小心仔细，不要让龙虾受伤。

大批蜕壳期间，增加动物性饲料，减少同类互残。

用盐浓度 3 ~ 5 的溶液浸洗 5 分钟。

水霉净 1 袋/亩全田泼洒，连用 3 天。

十、青苔

1. 症状

青苔是一种丝状绿藻总称，新萌发的青苔长成一缕缕绿色的细丝、矗立在水中，衰老的青苔成一团团乱丝，漂浮在水面上。青苔在稻田中生长速度很快，覆盖水表面，影响水中溶氧和阳光的通透性，对龙虾的生长发育极为不利，甚至使底层的幼虾因缺氧窒息而死。青苔会导致稻田里的水体急剧变瘦,对幼虾活动和摄食都有不利影响;另外在青苔茂盛时,往往有许多幼虾钻入里面而被缠住步足,不能活动而活活饿死(图9.15)。

图 9.15 青苔会缠住龙虾造成死亡

2. 防治

① 及时加深水位,同时及时追肥,调节好水色。

② 定期追肥,使用生物高效肥水素,让稻田保持一定的肥度,透明度保持在 30~40 厘米,以减弱青苔生长旺期必需的光照。

3. 治疗方法

① 每立方米水体用生石膏粉 80 克,分三次均匀泼洒全田,每次间隔 3~4 天。施药后加注新水 5~10 厘米,可提高防治能力。

② 可分段用草木灰覆盖杀死青苔。

③ 在表面青苔密集的地方用漂白粉干撒,用量为每亩 0.65 千克,晚上用颗粒氧,如果发现死亡青苔全部清除,然后每亩泼洒 0.3 千克高锰酸钾。

十一、蛙害

1. 病原病因

青蛙吞食幼虾。

2. 症状特征

青蛙对虾苗和仔幼虾危害很大。

3. 流行特点

在青蛙的活动旺期。

4. 危害情况

导致幼虾死亡，给养殖生产造成严重后果。

5. 预防措施

① 在放养虾苗前，供水沟渠中彻底清除蛙卵和蝌蚪。

② 稻田四周设置防蛙网，防止青蛙跳入田中（图 9.16）。

图 9.16　青蛙是天敌

治疗方法：如果青蛙已经入田，则需及时捕杀。

十二、中毒

1. 病因

稻田水质恶化，产生氨氮、硫化氢等大量有毒气体毒害龙虾；消毒药物残渣、过高浓度用药、进水水源受农田农药或化肥、工业废水污染、重金属超标中毒；投喂被有毒物质污染的饵料；水体中生物（如湖靛、甲藻、小三毛金藻）所产生的生物性毒素及其代谢产物等都可因起龙虾中毒（图9.17）。

图 9.17　中毒引起龙虾死亡

2. 症状

龙虾活动失常，鳃丝粘连呈水肿状，鳃及肝脏明显变色，极易死亡。

3. 危害情况

① 全国各地均有发生。

② 死亡率较高。

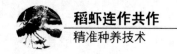

4. 预防措施

① 在苗种放养前，彻底清除稻田中过多的淤泥，保留 15~20 厘米厚的淤泥。

② 采取相应措施进行生物净化，消除养殖隐患。

③ 消毒后，一定要等药残完全消失后才能放养苗种，最好使用生化药物进行解毒或降解毒性后进水。

④ 严格控制已受农药（化肥）或其他工业废水污染过的水进入稻田内。

⑤ 投喂营养全面，新鲜的饵料。

⑥ 沟中栽植水花生、聚草、凤眼莲等有净化水质作用的水生植物，同时在进水沟渠也要种上有净化能力的水生植物。

治疗方法：一旦发现龙虾有中毒症状时，首先进行解毒，可用各地市售的解毒剂进行全田泼洒来解毒，然后再适当换水，同时拌料内服大蒜素和解毒药品，每天 2 次，连喂 3 天。

第三节　蜕壳虾的保护

一、龙虾蜕壳保护的重要性

龙虾只有蜕壳才能长大，蜕壳是龙虾生长的重要标志，龙虾也只有在适宜的蜕壳环境中才能正常顺利蜕壳。它们要求浅水、弱光、安静、水质清新的环境和营养全面的优质适口饵料。如果不能满足上述生态要求，龙虾就不易蜕壳或造成蜕壳不遂而死亡。

龙虾正在蜕壳时，常常静伏不动，如果受到惊吓或者虾壳受伤，那么蜕壳的时间就会大大延长，如果蜕壳发生障碍，就会引起死亡。龙虾蜕壳后，机体组织需要吸水膨胀，此时其身体柔软无力，俗称软壳虾，需要在原地休息一段时间，才能爬动，钻入隐蔽处或洞穴中，故此时极易受同类或其他敌害生物的侵袭。因此，每一次蜕壳，龙虾完全丧失抵御敌害和回避不良环境的能力，对龙虾来说都是一次生存难关。在人工养殖时，促进龙虾同步蜕壳和保护软壳虾是提高龙虾成活率的技术关键之一，也是减少疾病发生的重要举措（图9.18）。

图9.18　刚蜕壳不久的龙虾

二、龙虾的蜕壳保护

① 为龙虾蜕壳提供良好的环境，给予其适宜的水温和水位，隐蔽场所和充足的溶氧，供龙虾蜕壳。

② 放养密度合理，以免因密度过大而造成相互残杀。

③ 放养规格尽量一致。

④ 每次蜕壳来临前，要投含有钙质和蜕壳素的配合饲料，力求同步蜕壳，而且必须增加动物性饵料的数量，使动物性饵料比例占投饵总量的1/2

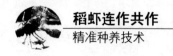
以上，保持饵料的喜食和充足，以避免因饲料不足而残食软壳虾。

⑤ 蜕壳期间，需保持水位稳定，一般不需换水，可以临时提供一些水花生、水浮莲等作为蜕壳场所，并保持安静（图9.19和图9.20）。

图9.19　龙虾喜欢在浅水处觅食蜕壳

图9.20　这么多的刚蜕壳的虾长期叠放在一起是危险的

附　　录

附录1　安徽省地方标准

DB34/T 836—2008

稻田克氏螯虾养殖技术操作规程

2008 – 08 – 13 发布　　　　　　　　2008 – 08 – 13 实施

安徽省质量技术监督局　　发布

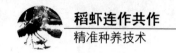
前　言

本标准从稻虾连作养殖环境条件选择、水稻的选择、水稻栽培与管理、虾种选择与投放、水草的栽培、螺蛳的移植、饲料的投喂、养殖管理、病害防治与捕捞等方面，提出了稻虾连作养殖的具体操作规范。

本标准为新定标准。

本标准由安徽省农业委员会渔业局提出。

本标准起草单位：安徽省水产技术推广总站

本标准归口单位：安徽省农业标准化技术委员会

本标准起草人：奚业文、董星宇、凌武海、刘瑞兵、刘映彬。

稻天克氏螯虾养殖技术操作规程

1 范围

本标准规定了稻虾连作养殖稻田的要求、水稻的栽培与管理、水草栽培、生物饵料培养、虾苗放养、饵料投喂、水质管理、病害防治等操作规程。

本标准适用于稻田养殖，其他养殖方式可参照执行。

2 规范性引用文件

下列文件中的条款通过本标准的引用而成为本标准的条款。凡是注日期的引用文件，其随后所有的修改单（不包括勘误的内容）或修订版均不适用于本标准，然而，鼓励根据本标准达成协议的各方研究是否可使用这些文件的最新版本。凡是不注日期的引用文件，其最新版本适用于本标准。

GB 11607　渔业水质标准

GB/T 18407.4　农产品安全质量　无公害水产品产地环境要求

NY 5051　无公害食品　淡水养殖用水水质

NY 5071　无公害食品　渔用药物使用准则

NY 5072　无公害食品　渔用配合饲料安全限量

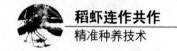

3　稻田要求

3.1　地点选择

水源充足、排灌方便、无污染、旱涝保收、交通便利。稻田环境和底质应符合 GB/T 18407.4 的规定。水源水质应符合 GB 11607 的规定，养殖用水应符合 NY 5051 的规定。

3.2　稻田工程

面积以 5 000 ~ 10 000 平方米为宜。田块四周在田埂内侧距田埂 1 米处挖一道环沟，沟宽 1 ~ 1.5 米，深 0.5 ~ 0.8 米，中间开挖"十"沟通向环沟，沟宽 0.5 米，深 0.3 米，挖沟取土堆放在一侧，形成垅坎以供龙虾栖息、活动与觅食，并减少溜边和外逃机会。加高加固田埂，埂高 1 米，宽 0.8 米以上。

3.3　栖息环境的模拟

为避免龙虾挖穴造成泥土堆积，淤泥堵塞水沟，应在沟坡距水面 10 厘米处，每隔 50 厘米用直径 15 厘米的木棍戳成与田面成一定的角度、深 30 厘米的人工洞穴，供龙虾栖息隐蔽，沟两侧的洞穴交错分布。在沟内设置一些竹筒、网片等为龙虾提供栖息、隐蔽的场所。

3.4　防逃设施

池堤上围起高 60 厘米，基部入土 25 厘米的塑料薄膜、石棉瓦、水泥板、砖砌防逃墙。注、排水口用密网、铁丝网或栅栏封口扎牢，网目须大于 40 目。

3.5 药物清池

按 NY 5071 标准执行。稻田按实际水体计算。

4 水稻种植

4.1 稻种选择

选择抗病抗虫抗倒伏的优质稻种，如优辐粳、通育粳 1 号、华粳 3 号、天协 1 号、天协 6 号，辐香优 98 等。

4.2 水的管理

4.2.1 秧苗栽插时水的管理

在秧苗栽插完后 7～10 天内，保持田水深度在 8～10 厘米。

4.2.2 水稻生长期水的管理

在水稻生长期间，稻田水深应保持在 5～10 厘米，随水稻长高，可加深至 15 厘米，收割稻穗后田水保持水质清新，水深在 50～60 厘米以上。

4.3 稻田施肥

施用化肥要少量多次，水稻生长季节 15～20 天施肥一次，控制施用量，尿素的施用量为 4 千克/亩，硫酸铵为 7 千克/亩，一次施半块田，注意不能将肥料撒入环沟和"十"字沟内。不能施用氨水和碳氨。

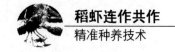

4.4　农药使用

4.4.1　农药种类

防治水稻病虫害，应选用高效、低毒、低残留农药。主要品种有扑虱灵、稻瘟灵、叶枯灵、多菌灵、井岗霉素。

4.4.2　使用方法

用药时采用喷雾方式，粉剂在清晨露水未干时喷洒，水剂宜在晴天露水干后喷雾。喷药时喷嘴向上喷洒，尽量将药洒在叶面上，减少落入水中的药量。施药时间应掌握在阴天或下午 17:00 后。施药前将田间水灌满，施药后及时换水，切忌雨前喷药，以免影响鱼类安全。

5　种草投螺

种草投螺以环沟与"十"字沟的面积计算。

5.1　轮叶黑藻

4 月水温上升至 10℃ 以上时便可播种，播种前池水浸种 3～5 天，洗尽种粒外皮，加少许细沙土兑水搅匀全池洒播，每亩用种量为150～250 克，半个月左右开始发芽。冬季采收轮叶黑藻冬芽投放虾池，至第二年春季水温上升时萌发并长成新的植株。

5.2　黄草

黄草即微齿眼子菜，春季水温上升至 10℃ 以上便可播种。每亩用种量 500～800 克，播种前塘水浸种 5 天催芽，播种 10 天左右便可发芽。前期应控制在低水位，并保持池水有较大的透明度。

5.3 苦草

苦草的种子长棱形，长度12~20厘米，直径约0.3厘米，种荚内的种子黑褐色。先将苦草种子用水浸泡1天，把荚内细小的种子搓出，加入10倍量的细沙土，拌匀后播种，每亩水面用种量50~100克。水温15℃以上萌发，谷雨前后播种适宜。

5.4 伊乐藻

浅灌池水，将伊乐藻带茎植体切成小段，长度约15~20厘米，每平方米插栽3~5株。

5.5 投放螺蛳

清明节前每亩投放活螺蛳300千克。

6 虾种放养

投放幼虾或亲虾。续养虾池，适当减少投放量。

6.1 亲虾放养密度

在上年的9—10月，每亩投放规格为10~15厘米的亲虾15~20千克，亲虾的雌雄比例以2~3:1为宜。

6.2 幼虾放养密度

在当年的3—4月，每亩投放规格为3~4厘米的幼虾3万~4万尾。

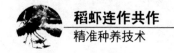

6.3 投放

无论是亲虾还是幼虾都不能直接放入田中，要经过多次淋水后，分散投放在斜坡处，让龙虾自行爬入水中。

7 养殖管理

7.1 生物饵料的培养

虾种投放前 10 天，每亩施发酵有机肥 500～750 千克；虾种投放 5～7 天，每亩日施发酵的畜禽粪肥水 50～60 千克。按水体养殖面积计算。

7.2 培肥水质

6 月下旬至 8 月中旬主施有机肥，每半个月每亩施发酵的有机肥 50～60 千克，水色呈豆绿色或茶褐色为好，透明度以 30～40 厘米为宜。

7.3 饵料种类

动物性饵料：低值小杂鱼、水生昆虫、河蚌肉、螺蛳和动物内脏等；

植物性饲料：新鲜水草、水花生、空心菜、浮萍、麸皮、大麦、小麦、蚕豆、水稻及植物桔杆。

7.4 投饵要求

养殖前期以培育生物饵料为主，中期以植物性饲料为主，后期以动物性饲料为主。一般日投饵量为龙虾群体重量的 5% ~ 10%，每天投喂 2 次，上午 9:00—10:00 投喂一次，投放饵料 30%，下午日落前后投喂一次，投放饵料 70%。在秧苗栽插完后 10 ~ 15 天内，适当多投动物性饲料，以避免龙虾"啃食"秧苗。

7.5　水质管理

养殖龙虾对水体的透明度要求较高，适宜龙虾生长的透明度为 25 ~ 40 厘米。水质调控方法：按环沟与"十"沟面积计算，每亩投放规格 50 ~ 100 克的鲢、鳙鱼种 200 尾来调控水质，按照春秋宜浅、高温季节要满的原则加水调节水质；每隔 15 ~ 20 天每亩用生石灰 10 ~ 15 千克溶水泼洒，调节水质。

7.6　日常管理

7.6.1　防逃
降雨量大时，将稻田内过量的水及时排出，以防龙虾逃逸。

7.6.2　勤巡田
经常加修加固田埂，检查田埂有无漏洞。

7.6.3　勤检查
注意检查进排水口及防逃设施，有损坏要及时修补。

7.6.4　防敌害
对稻田的老鼠、黄鼠狼、水蜈蚣、蛇等敌害生物要及时清除、驱除。

8　病害防治

病害防治按 NY 5071 标准执行。

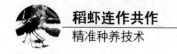

8.1　纤毛虫病

病名：纤毛虫病

流行季节：春、夏、秋三季，夏季为高发季节。

主要症状：体表长着一层的毛状物，毛上有污物，虾壳无光泽，手摸光滑粘稠，污物难刮除，摄食减少，反应迟钝，生长缓慢，蜕壳困难。

病因：聚缩虫、钟虫、累枝虫、单缩虫等寄生引起。

预防：每亩水体水深 1 米使用硫酸锌粉（主要成分为七水硫酸锌）133～200 克，每 15～20 天一次。

治疗：每亩水体水深 1 米使用硫酸锌粉（主要成分为七水硫酸锌）500～667 克，每日一次，病情严重可连用 2～3 次。

9　捕捞

通常 5 月开始用地笼或虾篓捕捞，规格达到 8 厘米以上的龙虾上市，小于 8 厘米的龙虾放回水体继续养殖。

附录2 安徽省地方标准

DB34/T2661—2016

克氏原螯虾稻田生态繁育技术规程

Technical specification for ecologically breeding of
Procambarus clarkii in paddy field

2016 – 06 – 15 发布　　　　　　　　　　　　2016 – 07 – 15 实施

安徽省质量技术监督局　发布

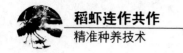
前　　言

本标准按照 GB/T 1.1 – 2009 的规定起草。

本标准由安徽省农业委员会渔业局提出。

本标准由安徽省农业标准化技术委员会归口。

本标准起草单位：全椒县赤镇龙虾经济专业合作社、安徽省水产技术推广总站、安徽农业大学。

本标准起草人：奚业文、凌武海、王如峰、金根东、占家智、黄和云、姜明峰、王昌辉、周业春、韦众、郎银杰、唐八一。

克氏原螯虾稻田生态繁育技术规程

1 范围

本标准规定了克氏原螯虾稻田生态繁育的稻田的选择、稻田改造与准备、水稻种植与虾苗种繁育衔接、虾苗繁殖、虾种培育、日常管理、捕捞与运输等技术要求。

本标准适用于稻田克氏原螯虾生态繁育。

2 规范性引用文件

下列文件对于本文件的应用是必不可少的。凡是注日期的引用文件，仅所注日期的版本适用于本文件。凡是不注日期的引用文件，其最新版本（包括所有的修改单）适用于本文件。

GB 4285　农药安全使用标准

GB 11607　渔业水质标准

GB 13078　饲料卫生标准

NY/T 394　绿色食品　肥料使用准则

NY/T 496　肥料合理使用准则　通则

NY 5051　无公害食品　淡水养殖用水水质

NY 5072　无公害食品　渔用配合饲料安全限量

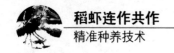

3 稻田选择

3.1 土质

土质以壤土为宜，田埂坚固结实不漏水。

3.2 水质

水量充沛、排灌方便，水源水质应符合 GB 11607 的规定，稻田水质应符合 NY 5051 的规定。

3.3 面积

面积以 10 ~ 15 亩为宜。

4 稻田改造与准备

4.1 改造时间

水稻收割后的 10 月下旬至 11 月初。

4.2 开挖环沟

距田埂 2 米开挖截面为 "U" 形的环沟，宽 2 ~ 3 米，深 1 ~ 1.2 米，沟面积占田面积的 8% ~ 10%。

4.3 加固田埂

利用挖环沟的泥土逐层夯实加宽、加高田埂。改造后的田埂坡度比为 1 : 1.5，高度应高出田面 0.6 米以上，埂面宽 ≥ 0.6 米。

4.4　进、排水设施

进、排水口加设栅栏设施呈对角设置，埝上部进水，沟底排水，用 PVC 管控制水位。

4.5　防逃设施

用石棉瓦、钙塑板等沿田埝四周围成封闭防逃墙，墙高 0.4～0.5 米，转角呈弧形。

4.6　环沟消毒

新稻田改造成后，消毒用生石灰，田面水深 0.15 米时用量为 75～100 千克/亩；老稻虾共作田消毒应选用二氧化氯或过氧化物消毒剂，用量为 0.3 千克/亩。

4.7　种植水草

水草以伊乐藻为主，轮眼黑藻和水花生为辅；种植面积占水面的 50%～60%。

5　水稻种植与虾苗种繁育衔接

5.1　茬口安排

6 月中旬至 10 月种植水稻，8 月底至 9 月初水稻收割前投放亲本虾，逐步排水诱导亲本虾打洞交配，10 月底田面板结收割水稻；10 月底至翌年 6 月中旬克氏原螯虾苗种繁育。

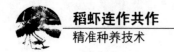

5.2 稻种选择

选择抗病抗虫抗倒伏的优质稻种。

5.3 施肥

插秧前 7 天，每亩施充分无害化处理的有机粪肥 100～150 千克，复合肥 30 千克，用旋耕机翻耕耙匀；在稻谷抽穗期每亩追施钾肥 3～5 千克。肥料的使用应符合 NY/T 394 和 NY/T 496 的要求。

5.4 插秧时间

插秧时间为当年的 5 月 25 日至 6 月 10 日，每亩插秧不低于 15 000 穴。

5.5 水位控制

稻田各月份水位控制见表 1。

表 1　稻田水位控制

时间	1—2 月	3 月	4 月中旬至5 下旬	5 下旬至6 上旬	6 中旬至6 月下旬	7—9 月	10 月	11—12 月
板面水深（厘米）	50	30	50	5	0	10	0	50
环沟水深（厘米）	150	130	150	105	90	110	90	150

5.6 水稻病虫害防治

一般应采用物理或生物方法防治病虫害，每 15 亩配一盏频振杀虫灯诱杀害虫。发病季节来临前用低毒农药氯虫苯甲酰胺等进行防治。农药使用应符合 GB 4285 的规定。

5.7 水稻收割

水稻收割前再次晒田，10 月环沟水位降至低于田面 10 厘米左右，板面硬结后收割留茬 ≥45 厘米。

6 虾苗繁殖

6.1 亲本虾选择

应异地选择亲本虾，在 8 月底至 9 月初从湖泊、河流等大水体中选购 30 克/只以上的大规格亲虾。

6.2 投种量

投放量为 20～30 千克/亩，雌雄比例为 3:1。

6.3 投种方法

先将亲本虾在稻田水中浸泡 2 分钟左右，提起搁置 2～3 分钟，如此反复 2 次。用 5～10 克/米³ 聚维酮碘溶液（有效碘 1%）浸洗虾体 5～10 分钟，具体浸洗时间应视天气、气温及虾体忍受程度灵活掌握。浸洗后，再将亲本虾种均匀取点、分开轻放到浅水区或水草较多的地方，让其自行爬入水中。

6.4 养殖管理

6.4.1 饵料与投喂

亲虾以稻田内的有机碎屑、浮游动物、水生昆虫、周丛生物、水草等天

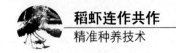

然饵料为主，9—10月及翌年3月补充投喂颗粒饲料，每天16:00—17:00投饲1次，投饲量占虾总重量的1%～2%。饲料应符合 GB 13078 和 NY 5072 的要求。

6.4.2　水质、水位调控

根据水色、天气和虾的活动情况，适时加注新水，注水前后水的温差≤3℃。水位调控同5.5。

6.4.3　水草管理

水草覆盖面积保持在环沟面积的50%～60%。

6.4.4　环境营造

在稻田环境下，通过水稻收割留茬、饵料投喂、水质和水位调控、水草管理等综合措施营造环境促使亲本虾完成交配、抱卵、孵化、护仔等繁殖过程。

6.4.5　越冬管理

通过调控水位来控制稻田水温，使稻田环境更适合克氏原螯虾的生存和繁育。水稻收割后至越冬前，保持田面水深30～40厘米，随着气温的下降，逐渐加深至50～60厘米。

7　虾种培育

7.1　抱卵孵化与排苗时间

克氏原螯虾主要抱卵孵化时间在9—10月，主要排苗时间在10月底至11月初。

7.2　苗种密度

亲本虾抱卵后排苗量在5.5万～7.5万尾/亩。

7.3 饵料生物培育

翌年 2 月施经无害化处理的有机肥，施用量为 100～200 千克/亩，为小龙虾苗种培育丰富适口的天然饵料生物。

7.4 饲料投喂

7.4.1 投喂时间

苗种饲料投喂时间从翌年 4 月下旬至 5 月底。

7.4.2 饲料投喂

根据稻田内天然饵料的多少进行投喂。4 月中旬至 5 月上旬，每亩投饲量为 0.5～1.0 千克；5 月中旬至下旬，每亩投饲量为 1.1～2.0 千克。每天 16:00—17:00 投饲 1 次。饲料以颗粒饲料为主，应符合 GB 13078 和 NY 5072 要求。

7.5 水质调控

选用光合细菌、芽孢杆菌、EM 菌等微生物制剂调控水质。微生物制剂拌泥抛入环沟底部，用量为 5～10 毫克/升，3—5 月 5～10 天施用 1 次，应在晴天上午 10:00 左右施用。

8 日常管理

8.1 加强水质管理

3—5 月，间隔 15 天加注新水，调节水质。

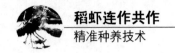

8.2 防敌害

在进水口用 20 目/厘米² 的长型网袋过滤进水，将鱼类等拒外；鼠类可在稻田埂上设置鼠夹、鼠笼等加以捕猎；蛙类夜间进行捕捉；鸟类及水禽及时进行驱赶。

8.3 巡田

经常检查虾的摄食情况、有无病害、防逃设施并检测水质等，发现问题及时处理。做好生产养殖记录、药物使用记录。

9 捕捞与运输

9.1 捕捞时间

亲本虾捕捞时间应在 3 月，苗种捕捞时间在 4—5 月。

9.2 捕捞方法

主要使用地笼捕捞。将地笼置于稻田及环沟内，隔 1~2 天将地笼移位 1次；应将捕获的虾挑选分级，将苗种和亲本虾分开出售。

9.3 苗种运输

一般选择在日出之前进行，避免阳光直射。装虾工具一般为经消毒的专用塑料筐，运输时间控制在 6 小时以内，运输过程中，应避免风吹，防止温度剧变、挤压、剧烈震动等；不得与有害物质混运，严防运输污染。

参考文献

北京市农林办公室等编.1992.北京地区淡水养殖实用技术.北京：北京科学技术出版社.

陈义.1956.无脊椎动物学.上海：商务印书馆.

但丽，张世萍，羊茜，等.2007.克氏原螯虾食性和摄食活动的研究.湖北农业科学，3：174 – 177.

费志良，宋胜磊，等.2005.克氏原螯虾含肉率及蜕皮周期中微量元素分析.水产科学，24（10）：8 – 11.

郭晓鸣，朱松泉.1997.克氏原螯虾幼体发育的初步研究动物学报，43（4）：372 – 381.

李文杰.1990.值得重视的淡水渔业对象——螯虾.水产养殖，（1）：19 – 20.

凌熙和.2001.淡水健康养殖技术手册.北京：中国农业出版社.

吕佳，宋胜磊，等.2004.克氏原螯虾受精卵发育的温度因子数学模型分析，南京大学学报：自然科学版，40（2）：226 – 231.

舒新亚，龚珞军.2006.淡水小龙虾健康养殖实用技术.北京：中国农业出版社.

舒新亚，叶奕住.1989.淡水螯虾的养殖现状及发展前景.水产科技情报，（2）：45 – 46.

唐建清，宋胜磊.2003.克氏原螯虾种群生长模型及生态参数研究.南京师大学报：自然科学版，26（1）：96 – 100.

唐建清，宋胜磊.2004.克氏原螯虾对几种人工洞穴的选择性.水产科学，23（5）：26 – 28.

唐建清.2002.淡水虾规模养殖关键技术.南京：江苏科学技术出版社.

魏青山.1985.武汉地区克氏原螯虾的生物学研究.华中农学院学报，4（1）：16 – 24.

夏爱军.2007.小龙虾养殖技术.北京：中国农业大学出版社.

谢文星，罗继伦.2001.淡水经济虾养殖新技术.北京：中国农业出版社.

羊茜，占家智.2010.图说稻田养小龙虾关键技术.北京：金盾出版社.

占家智，羊茜.2002.施肥养鱼技术.北京：中国农业出版社.

占家智，羊茜.2002.水产活饵料培育新技术.北京：金盾出版社.

占家智，羊茜.2012.小龙虾高效养殖技术.北京：化学工业出版社.

张湘昭，张弘.2001.克氏螯虾的开发前景与养殖技术.中国水产，（1）：37 – 38.